04

옛이야기

04

옛이야기

성냥팔이 소녀의 홀로그램

이지유의 이지 사이언스

EASY SCIENCE

글·그림 이지유

창비

과학을 가지고 놀자!

2016년 12월 31일 오후 2시, 나는 무주 산골짜기에서 스키를 타다 넘어졌다. 그 결과 오른쪽 손목 부근 경골이 부러졌는데, 골다공증의 가능성이 큰 나이인 것을 감안한다면 그리 놀랄 일은 아니다. 완벽한 오른손잡이였던 나는 정말이지 아무 일도 할 수 없었지만 잠시도 가만히 있질 못하는 성격이라 팬이 보내준 펜을 꺼내 왼손으로 그림을 그렸다.

마침 2017년이 닭의 해였기에 닭을 그리려 애는 썼으나 부리와 벼슬 뭐 하나 제대로 표현할 수 없었다. 그럴듯하게 보이려고 꼼수로 닭의 꼬리를 무지개색으로 그렸지만, 사실 '그렸다'기보다는 '그었다'는 편이 옳겠다. 그 그림을 SNS에 올렸다.

놀라운 일은 그다음에 벌어졌다. 정말 신기하게도 친구들은 닭을 알아보았다. 그들의 뇌는 자기 뇌 속 빅 데이터를 분석해 내가 닭을 표현하려고 애를 썼다는 사실을 정확하게 맞힌 것이다. 게다가 "닭 꼬리를 무지개색으로 표현하다니 창의적이야!" "그림의 느낌이 좋다." 등 내가 의도하지 않은 예술성까지 발견해 준 것은 물론이고 "네가 그동안 그린 어떤 그림보다 낫다."라는 다소 인정하기 힘든 평까지 올렸다. 나 원 참!

아무튼 재미난 놀잇감이 생겼다. '왼손 그림'은 어떤 대상에 대한 최소한의 정보와 SNS 친구들의 뇌 사이에 벌어지는 흥미로운 게임이었다. 과학 논픽션 작가인 내가 품고 있는 숙제 가운데 하나는, 독자들이 과학을 좀 우습게 보도록 만드는 것이다. 내 왼손과 독자들의 뇌를 잘 이용하면 이와 같은 일을 할 수 있을 것 같았다.

나는 아침마다 시간과 공을 들여 국내외 과학계의 동향을 살피고 지식과 정보를 업데이트하며 거기에 언급된 논문을 읽는 것은 물론이고 필요하다면 기초적인 공부도 다시 한다. 아침 공부 시간에 딱 떠오르는 무엇인가를 왼손으로 그리고 그 아래에 유머를 담은 글을 한 줄 보태면 어디에도 없는 훌륭한 '과학 왼손 그림'이 되지 않을까? 그래서 날마다 왼손 그림을 그려 SNS 친구들과 공유했다. 인기는 폭발적이었고 처음 그린 50여 점의 그림을 묶어서 『펭귄도 사실은 롱다리다!』(웃는돌고래 2017)라는 책으로 만들었다. 이 책이 자신이 끝까지 읽은 첫 과학책이라는 중학생의 팬레터를 심심치 않게 받는다.

'이지유의 이지 사이언스' 시리즈가 추구하는 목적은 간단하다. 청소년이나 성인들에게 '과학 지식과 과학 방법은 넘어야 할 산이 아니라 그냥 가지고 놀 수 있는 대상'이라는 점을 알아채도록 만드는 것이다. 지구에서 달까지의 거리가 38만 킬로미터라는 사실을 과학 지식으로 알고 있는 사람은 그것을 재는 과학 기술과 그로부터 달까지의 거리를 유추하는 과학적인 방법에 대해 모른다 할지라도, 38만 킬로미터라는 지식으로부터 다양한 생각과 상상을 이끌어 낼 수 있다. 이 시리즈와 함께 과학 지식을 바탕으로 다양한 생각의 가지를 뻗어 나가길 바란다.

자, 그럼 왼손 그림과 게임을 시작해 보자!

2020년 3월

이지유

오래도록 전해 내려오는 옛이야기는 과학의 눈으로 볼 때 매우 흥미로운 분석 대상이다. 옛이야기는 당시의 사회 상황과 역사를 지배자가 아닌 대다수 사회 구성원의 눈으로 볼 수 있도록 해 준다. 그래서 이 이야기들 속에 숨어 있는 단서 몇 가지를 추적하면 옛사람들의 삶이 어떠했는지 놀랍도록 실질적으로 느낄 수가 있다. 나아가 이야기 속에 담겨 있는 은유와 해학을 과학적으로 분석하다 보면 상상력의 가지를 무한정 뻗어 나갈 수 있다. 또한 이야기를 즐기는 사람의 취향과 논리에 따라 옛이야기는 다양한 방식으로 전개되기도 한다. 바로 이런 속성 때문에 이야기는 고정된 것이 아니라 계속 변화한다. 이야기에 생명이 있는 것이다.

다들 익히 아는 옛이야기를 과학의 눈으로 분석해 보자. 옛이야기는 그저 사람들이 생각나는 대로 떠들다가 생겨난 것이 아니라는 점을 알 수 있다. 놀랍게도 집단 지성은 당시 사회상을 보통 사람의 언어로 엮어 과학적으로 이야기를 만들었다. 물론 가끔 아주 세게 비판하고 싶은 이야기도 있고 과학 하는 사람이라면 과학적으로 세게 몰아붙여야겠지만, 그러는 가운데 유머 감각을 잃지 않아야 한다는 것도 강조하고 싶다. 무릇 재미가 있어야 상상의 끝까지 갈 수 있으니!

차례

3장 이상한 나라의 신데렐라

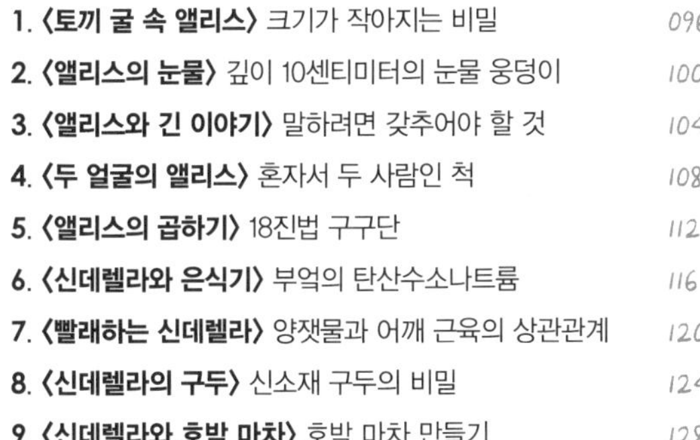

4장 과학의 눈으로 보면

1장

우리는 좀 억울하다!

옛이야기 속에는 억울한 캐릭터들이 있다. 주로 동물, 어린이, 여성인데, 이 사회의 약자 입장에 놓인 이들이다. 평등하지 못한 사회에서 강자들은 약자들을 이용해 각종 우스개 이야기를 만드는데, 다 웃자고 하는 이야기일 뿐 약자를 함부로 대하는 것은 아니라고 주장하고, 반면 약자들은 자신들이 동등한 대접을 못 받는다는 걸 깨닫지 못한다.

옛이야기를 과학적이고 생태학적인 관점에서 다시 살펴보면 다소 억울한 사연들을 쉽게 찾아볼 수 있고, 우리가 당연하다고 여겼던 일이 실은 그렇지 않을 수도 있다는 사실을 알게 된다. 편견을 뒤집는 것이다. 자, 이제 새로운 관점으로 옛이야기를 살펴보자.

〈빨간 모자〉

늑대는

1. 늑대는 죄가 없다

빨간 모자를 쓴 소녀가 늑대를 만나는 이야기는 여러 판본이 있는데, 우리에게 가장 널리 알려진 것은 샤를 페로가 프랑스어로 쓴 것을 100년 뒤 그림 형제가 독일어로 옮겨 쓴 이야기다. 빨간 모자가 달린 망토를 입은 소녀가 엄마의 심부름으로 포도주와 케이크를 할머니에게 가져다 드리러 길을 나선다.

꽃이 가득 핀 들판을 지날 무렵 늑대가 나타나 어딜 가느냐 묻고, 늑대의 속셈을 모르는 소녀는 할머니의 집을 가르쳐 준다. 늑대는 소녀에게 꽃구경 좀 하고 오라고 한 뒤 자신은 얼른 가서 할머니를 잡아먹는다. 한편 꽃을 한 다발 꺾어 할머니 집에 도착한 소녀 또한 할머니인 척 기다리고 있던 늑대에게 잡아먹히고 만다. 마침 집 앞을 지나던 사냥꾼이 배가 불러 잠든 늑대를 보고 가위로 배를 가르니 소녀와 할머니가 튀어나와 다시 세상 빛을 보게 되었고 사냥꾼은 늑대의 가죽을 얻어 모두 행복한 결말을 맞는다.

억울해!

옛이야기는 모두 재미있지만 이야기에 등장하는 동물 중에는 억울한 경우가 많다. 대부분 인간의 입장에서 보고 판단해 그 동물의 가치를 정하기 때문에 인간에게 해를 끼치면 나쁜 동물, 인간에게 이득을 주면 좋은 동물이 된다. 이런 기준 때문에 옛이야기에서 늑대는 나쁜 사람 대신 등장하는 경우가 많다. 남을 속이고 해치며 집요하게 스토킹하고 무력과 거짓을 일삼으며 앞과 뒤가 다른 사람을 늑대에 비유하곤 한다.

늑대로서는 너무나 억울하다. 늑대는 가족을 매우 알뜰하게 챙기고 새끼가 태어나면 독립할 때까지 매우 엄격하게 가르친다. 머리도 좋아서 사냥은 필요 이상으로 과하게 하지 않고, 자신에게 피해를 주지 않는 인간은 절대 해치지 않는다. 게다가 늑대의 조상 중 몇몇은 인간에게 끌려와 살다가 인간과 매우 친해져 온 지구상에 다양한 종으로 퍼진 개가 되었다. 그러니 할머니를 잡아먹고 빨간 모자마저 집으로 끌어들여 해치려 한 범죄자를 늑대로 비유하면 곤란하다. 그 범죄자가 사람이라는 것을 모르는 이가 있을까? 우리는 늑대의 명예를 되찾아야 한다. 늑대는 절대 할머니, 아니 사람을 잡아먹지 않는다. 왜? 맛이 없으니까.

〈단군 신화〉

싫어!

2. 불공정 경쟁, 이대로 괜찮은가?

각 나라와 민족은 대부분 건국 신화를 가지고 있다. 한반도 최초의 나라인 고조선에도 건국 신화가 있는데, 여기에는 곰과 호랑이가 등장한다. 『삼국유사』에 따르면, 이야기는 환웅이라는 신이 태백산맥으로 내려오면서 시작한다. 환웅은 인간 세상에 관심이 많아 '인간을 널리 이롭게 하라.'라는 홍익인간의 사명을 지니고 이 땅에 내려왔다.

하루하루 즐겁게 잘 살던 어느 날, 기도 소리가 들려 가만히 귀 기울이니 곰 한 마리와 호랑이 한 마리가 인간의 모습으로 살고 싶다고 빌고 있었다. 그 기도가 어찌나 절절했는지 환웅은 그 자리에서 청을 들어주고 싶었다. 하지만 아무 노력 없이 그냥 사람으로 만들어 주었다가 여기저기 소문이 나면 곤란하니 이들을 시험해 보기로 했다. 그래서 환웅은 신령스러운 쑥 한 타래와 마늘 스무 통을 주며 이렇게 말했다. "100일 동안 햇빛을 보지 말고 이것만 먹고 버텨라!" 놀랍게도 곰은 잘 버텨 여성의 몸으로 변신해 웅녀가 되었고, 나중에 사람의 모습으로 변신한 환웅과 연을 맺어 아들을 낳는데, 그가 바로 단군이다. 하지만 호랑이는 이 시험에 합격하지 못했기에 사람이 될 수 없었다.

쑥 마늘 대신
랩 대결 Call?!

결론부터 말하자면 이 대결은 곰에게 무척 유리하다. 곰의 생태를 가만히 들여다보면 이 털북숭이들은 컴컴한 굴과 매우 친하다는 것을 알 수 있다. 북극에 사는 암컷 북극곰의 겨울잠에 대해 생각해 보자. 암컷 북극곰은 겨울이 되기 전 굴을 파고 들어가 잠에 취한 채 새끼도 낳고 젖을 먹여 기른다. 100일을 훌쩍 넘는 긴 겨울 동안 어미 곰은 아무것도 안 먹을 뿐 아니라 새끼까지 키우는 것이다. 봄이 와서 굴에서 나올 때 어미 곰은 몸무게가 반이나 줄어들었어도 여전히 건강하게 살아 있다. 물론 북극곰은 육식이라 비타민 섭취와 면역력 증진을 위해 쑥이나 마늘 같은 걸 먹을 리가 없지만 굳이 그 쓰고 매운 걸 먹지 않아도 잘 버틸 수 있다는 말이다.

털의 색이 짙은 회색곰, 유라시아불곰은 낮에는 굴에 들어가 쉬다가 밤이 되면 활동하는 야행성 동물이다. 이들 역시 잠에 취한 채 굴속에서 긴 겨울을 보낸다. 북극곰과 달리 이들은 초식 위주의 잡식성 동물이다. 신화 속 웅녀는 바로 이 곰들이 변해 사람이 되었을 확률이 크다.

이에 반해 호랑이는 아주 많이 억울하다. 호랑이는 절대 굴을 파지 않으며 굴속에 들어가는 일도 없다. 그런 호랑이에게 굴에 들어가라니! 게다가 호랑이는 육식 동물이라 쑥이나 마늘은 먹지 않는다. 그러니 이 대결은 그다지 공정하다고 볼 수 없다.

선녀 ㅠㅠ

3. 선녀가 지구를 떠난 이유

아주 먼 옛날에는 날개옷을 입은 선녀들이 하늘에서 내려와 깊은 산골의 연못에서 가끔씩 물놀이를 했던 모양이다. 하늘에서 내려오는 선녀의 입장에서 보자면 날개옷 걸릴 염려도 없고 시야가 확보되어 착륙하기 쉬운 넓은 곳이 훨씬 좋을 텐데 왜 하필 깊은 산골일까? 아마도 인간에게 들키지 않으려고 그랬을 텐데, 그럼에도 불구하고 선녀들은 그만 나무꾼에게 들키고 말았다.

나무꾼은 사슴이 조언한 대로 날개옷을 숨기고, 날개옷을 도둑맞아 하늘로 돌아가지 못한 선녀에게 아이 셋을 낳으면 돌려주겠다고 약속을 한다. 선녀는 아이를 셋 낳자 나무꾼에게서 날개옷을 빼앗아 번개같이 차려입고 뒤도 돌아보지 않고 아이들과 하늘로 올라간다. 아내와 아이들이 사라지자 나무꾼은 밤낮으로 울었고 이를 불쌍히 여긴 옥황상제는 나무꾼을 하늘로 불러 가족과 재회하도록 도와주었다. 하지만 이번에는 땅에서 나무꾼의 어머니가 울고불고 난리가 났다. 이에 선녀는 멋진 말 한 필을 내주며 절대 말에서 내려선 안 된다고 당부한 뒤 남편을 내려보냈다. 아들을 만난 어머니는 너무 기쁜 나머지 뜨거운 팥죽을 주며 먹고 가라고 붙들었는데, 하필 그 뜨거운 죽이 말 등에 떨어지는 바람에 나무꾼은 말에서 떨어지고 말았다. 그 뒤로 선녀와 나무꾼이 만났다는 소문은 없다.

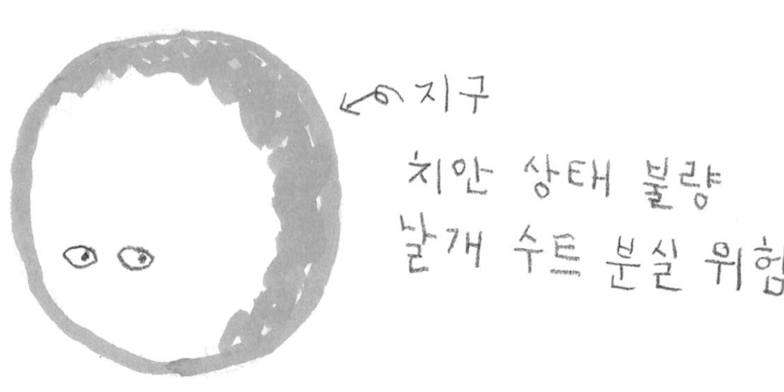

선녀 ^^

선녀의 입장에서 보자면 나무꾼과의 결혼은 사기다. 하늘을 나는 신기술이 있는 선녀가 그 기술을 원천적으로 봉쇄한 나무꾼에게 인질로 잡혀 아이 낳고 살림하고 농사짓고 나무꾼의 어머니까지 봉양하다니! 참 어이가 없다. 애초에 선녀가 나무꾼에게 들키지 않고 연못을 오가려면 첨단 기술로 무장한 투명 날개옷을 지어 주는 것이 최선일 수도 있겠다.

투명 날개옷을 만드는 원리는 의외로 간단하다. 날개옷에 닿았다 반사되는 빛의 방향을 조절해 전부 같은 방향으로 향하게 만들면 우리는 두 눈을 멀쩡히 뜨고도 앞에 있는 것을 볼 수 없다. 놀랍게도 과학자들은 이런 기능을 가진 메타 물질을 이미 만들었다. 메타 물질이란 자연계에는 없지만 특정한 목적으로 만들어 낸 분자 단위의 신물질을 말한다. 문제는 아직 메타 물질의 분자가 커서 파장이 짧은 가시광선은 마음대로 조절할 수 없다는 것이다. 우리가 선녀에게 투명 날개옷을 만들어 주려면 메타 물질을 나노 수준으로 줄여서 옷에 코팅을 해 주어야 한다. 이러한 기술은 조만간 실현될 것이다.

사실 이 결혼을 막는 가장 확실한 방법은 선녀가 더는 지구에 오지 않는 것이다. 다행스러운 점은 나무꾼의 소문이 하늘나라에 퍼졌는지 요즘은 물놀이를 하러 내려오는 선녀가 거의 없다는 사실이다. 아, 왔는데도 투명 날개옷을 입어서 우리가 모르는 건가?

<해와 달이 된 오누이>

우린 좀 멀리 가야 해.

4. 이게 다 너희 잘되라고!

오누이가 해와 달이 되려면 호랑이가 제 역할을 확실히 해야 한다. 우선 호랑이는 떡 파는 오누이의 엄마를 잡아먹어야 한다. 아울러 엄마를 잡아먹은 뒤에도 여전히 배가 고파야 하고, 자기가 잡아먹은 인간의 집까지 미리 알고 있어야 하며, 오누이가 그 집에서 엄마를 기다리고 있다는 사실도 알아야 한다. 나아가 오누이를 꼬드기기 위해 엄마가 입었던 옷을 입고 변장하는 치밀함까지 갖추고 있어야 한다. 그러니 호랑이가 똑똑해야 한다.

그런데 이야기 속 호랑이는 지구력이 모자랐는지 시간이 지날수록 집중하지 못했고 결정적으로 과학 지식도 부족했다. 인간의 손과 자신의 손이 다르다는 것을 모른 채 털이 숭숭 난 손을 창호지 사이로 들이밀 정도로 동물학에 무지했고, 손바닥에 참기름을 바르고 나무를 타라는 말을 그대로 따를 만큼 마찰력에 대해 아는 것이 없었으며, 하늘에서 내려온 밧줄을 무턱대고 잡을 만큼 밧줄의 강도에 대해서 알지 못했다. 결국 호랑이는 수수밭에 떨어져 피를 흘리며 죽었고, 수수가 붉은색이 되는 데 기여하긴 했다. 그래도 만약 살아 있었다면 지구 역사상 가장 똑똑한 호랑이 가문의 시조가 되었을 텐데 적잖이 안타깝다.

얘들아, 타!

호랑이를 피해 동아줄에 매달린 오누이가 우주까지 가려면 얼마나 고생을 해야 할까? 지구를 얇게 싸고 있는 대기의 50퍼센트는 고도 5킬로미터 아래에 몰려 있다. 그러니 별다른 산소 공급 장치 없이 올라갈 수 있는 최대 높이가 5킬로미터인 셈이다. 그렇다 하더라도 헬멧이나 기타 보호 장구를 착용하지 않은 어린이가 자전거를 타는 속력인 시속 20킬로미터로 올라간다고 했을 때 15분이나 매달려 있어야 한다. 한마디로 몹시 위험하다.

오누이의 체력이 강력해 5킬로미터까지 올라갔다 치더라도 이쯤이면 산소 부족에 따른 고산병 증세로 손발에 힘이 풀리며 떨어지고 말 것이다. 여기까지 운 좋게 버텼다 해도 이후 대류권, 성층권, 열권을 지나 지상에서 100킬로미터 이상 올라가려면 비행선처럼 내부의 압력이 조절되는 탈것이 필요하다. 그렇지 않다면 남매는 산소 결핍으로 정신을 잃고 고막이 터지며 낮은 외부 압력 때문에 몸이 풍선처럼 부풀어 끔찍한 일이 벌어지고 말 것이다.

결론은 오누이는 지상 5킬로미터까지는 동아줄에 매달려 올라갈 수 있지만 그 위로는 다른 이동 수단을 이용해야 한다는 것이다. 놀랍게도 오누이는 그 방법을 알고 있었다. 오늘날 해와 달이 멀쩡히 빛나고 있는 것이 그 증거다.

〈여우 누이〉

간 싫어!

5. 인간의 간에는 관심 없어요

'여우 누이'는 무서운 이야기가 아니라 슬픈 이야기다. 옛날 어느 고을에 아들만 셋 있는 부부가 살았다. 딸을 가지고 싶었던 부부는 치성을 드려 딸을 얻었는데, 알고 보니 사람이 되고픈 여우였다. 여우는 사람이 되기 위해 간을 먹어야 했기에 소, 돼지, 닭, 사람 가리지 않고 잡아서 간을 꺼내 먹었다. 이를 몰래 지켜본 오빠들이 놀라 부모님에게 알렸지만 부모는 거짓말하지 말라며 도리어 화를 냈고 그중 한 아들이 도망쳐 겨우 목숨을 건진다. 그는 도망치던 중 거북이를 구해 주는데, 알고 보니 용왕의 딸이었다. 그 덕에 여우의 오빠는 용왕의 사위가 되었고 용왕에게 가시덤불을 만드는 하얀 병, 물을 만드는 파란 병, 불을 만드는 빨간 병을 얻어 여우 누이를 죽이고 가족과 마을 사람들과 가축의 원수를 갚는다.

제목은 '여우 누이'지만 그녀의 고민이나 내적 갈등에 대해서는 단 한 줄도 없고 여우 누이를 죽이는 남자 형제의 모험담에 열을 올리는 이상한 이야기다. 상황이 이러하면 제목은 '여우의 오빠'나 '여우 누이를 둔 오빠'가 되어야 하지 않을까? 게다가 이야기에 등장하는 용왕 정도면 사위의 누이가 왜 그토록 많은 간을 먹고서라도 인간이 되고 싶어 하는지 알아볼 수 있지 않았을까? 정말이지 궁금한 점이 너무나 많은 이야기다.

단 것 좋아!

'여우 누이'는 여우의 생태 면에서도 매우 유감스러운 점이 많다. 여우는 아무리 커도 10킬로그램을 넘지 않는 작은 체구를 지녔고, 양서류, 포유류, 곤충을 가리지 않고 잘 잡아먹는 잡식성이지만 달콤한 과일을 특히 좋아한다. 쥐를 잡는 기술이 뛰어나, 세계 여러 나라에서 쥐 박멸 운동을 벌였을 때 여우의 개체 수도 상당히 줄었다는 통계가 있다. 여우가 쥐약 먹은 쥐를 너무나 잘 잡았기 때문이다.

이처럼 다양한 것을 먹을 줄 아는 좋은 식습관을 가진 여우가 하필 맛도 없는 사람을 사냥하다니 말도 안 된다. 그리고 설령 어찌어찌 사람의 간을 꺼냈다 하더라도, 인간의 간이 1.5~2킬로그램에 육박하는 큰 장기임을 감안했을 때 여우 혼자 먹어 치우기에는 어려움이 많다는 점을 강조하고 싶다. 하물며 소의 간이라니! 여우는 꾀가 많아 사람에게 잘 잡히지 않고 민가에 나타나 닭을 잡아가기 때문에 미운털이 박힌 것은 인정한다. 그렇지만 여우가 쥐를 잡아 인간에게 도움을 주는 것은 고려하지도 않고 여우를 간악한 이미지로만 만들다니, 인간들이 너무했다. 게다가 남자는 늑대, 여자는 여우라는 이상한 대응 관계까지 만들었으니 듣는 늑대와 여우는 기분이 나쁘다. 이렇게 과학적으로도 옳지 않고 편협한 이야기는 구전시키지 말자.

〈콩쥐 팥쥐〉

콩쥐에게 필요한 것은

6. 두꺼비도 최선을 다했겠지만

‘콩쥐 팥쥐’는 단순한 옛이야기가 아니라 매우 다양한 은유와 상징이 숨어 있는 고품격 구비 문학 작품이다. 이 이야기의 놀라운 점은 누구라도 몰입할 수 있는 캐릭터가 반드시 하나씩 있으며 그 캐릭터를 자신과 동일시하는 가운데 자신을 성찰할 기회가 생긴다는 것이다. 주인공 콩쥐는 계모와 그의 딸인 팥쥐와 함께 사는데, 모녀는 콩쥐에게 힘겨운 일을 시키며 괴롭힌다. 그럴 때마다 콩쥐 앞에는 도움을 주는 존재가 나타난다. 어머니의 넋이 소로 변해 밭을 갈아 주고, 두꺼비가 깨진 독을 막아 주며, 참새 떼가 곡식을 까 주고, 선녀가 베를 짜 주는 등 다양한 도움을 받는다. 어느 날 콩쥐는 선녀가 준 옷과 신으로 차려입고 잔치에 가다가 신발 한 짝을 잃어버리는데, 이것이 원님의 눈에 띄어 나중에 결혼까지 한다.

고체 접착제

계모가 콩쥐에게 시킨 일들이 대체로 어렵지만, 그래도 그중 깨진 독은 접착제만 있다면 콩쥐 혼자 쉽게 해결할 수 있다. 접착제란 두 물체를 붙이는 물질을 이르는 말로, 기본 원리는 물체 표면에 있는 극성을 이용하는 것이다. 극성은 분자 단위의 아주 작은 물질에 나타나는 전기적 성질인데 한쪽은 양전하, 반대쪽은 음전하를 띠고 있다. 이 극성이라는 것은 분자 모양과 관계가 깊어서 성분이 같은 물질을 가공해 반대 극을 만들면 훨씬 잘 붙는다. 예를 들어 종이를 붙이는 풀은 종이와 같은 성분인 식물성 섬유소를 변형시켜 만든 것이 가장 좋다. 또 가죽을 붙일 때는 동물성 단백질을 변형해서 만든 아교풀이 좋다.

콩쥐에게 도움이 될 접착제는 순간접착제와 고체 접착제다. 순간접착제는 공기 중에 있는 물 분자와 반응해 양쪽 면을 잇는 고분자를 순식간에 만들어 모든 것을 빠른 시간 안에 붙인다. 이런 현상에 관심을 둔 것은 전쟁 중인 군이었다. 군의관들은 총에 맞거나 피부가 찢어진 채 실려 온 군인들의 환부에 순간접착제를 발라 상처가 벌어지거나 덧나는 것을 막고 빠르게 지혈도 할 수 있었다. 콩쥐가 깨진 독의 조각을 가지고 있다면 이 순간접착제를 써서 구멍을 막을 수 있다. 만약 조각이 없다면 두 가지 물질을 찰흙처럼 주물러 만드는 고체 접착제가 도움이 된다. 콩쥐에게 필요한 것은 두꺼비가 아니다.

〈열두 공주의 비밀〉

놀러갈 때는

7. 공주들에게 춤출 자유를

옛날 한 왕국에 열두 명의 공주가 있었다. 왕은 밤이 되면 공주들을 한 방에 몰아넣고 밖에서 문을 잠갔다. 그런데 참 이상한 것이, 아침이면 공주들의 구두가 닳아 새 신이 필요했다. 공주들이 잠은 안 자고 무엇을 하는지 궁금했던 왕은 누구든 밤사이 공주들의 행적을 알아 오는 자를 사위로 삼겠다고 광고를 한다. 이에 많은 청년들이 도전했으나 공주들이 주는 약을 탄 포도주를 마시고 쿨쿨 잠을 자는 바람에 그 누구도 공주들의 행적을 알아내지 못했다.

그러던 어느 날, 노련한 군인이 도전장을 내민다. 그는 공주들이 권하는 술을 마시는 척하면서 슬쩍 버리고, 공주들이 밤마다 비밀 통로로 지하 세계에 가 그곳에 있는 왕자들과 신나게 놀고 온다는 사실을 알아냈다. 참! 그는 투명 망토를 걸치고 있었다. 이 말을 들은 왕은 화가 나서 비밀 통로의 입구를 막고 약속한 대로 큰딸을 군인과 결혼시켰다. 이 이야기는 다 큰 딸들의 자유를 구속하고 본인의 의사와 관계없이 아버지의 결정에 따라 결혼을 해야 하는 가부장제의 폐해를 꼬집고 있다. 성인들을 방에 가두고 밖에서 문을 잠근다는 것은 딸들을 마치 금고에 넣어 두는 물건처럼 생각한다는 뜻이다. 나이가 열여덟이 넘었으면 딸들의 인생은 스스로 책임지도록 내버려 두자!

운동화!

그런데 밤마다 방 아래에 난 땅굴로 내려가 미지의 세계에서 신나게 놀다 오는 이야기는 현실성이 있는 것일까? 결론부터 말하자면 불가능하지는 않다. 아마도 열두 공주가 사는 궁전은 싱크홀과 석회 동굴의 조합으로 이루어진 지반 근처에 지어졌을 가능성이 크다. 석회암 지역은 지표는 멀쩡해 보여도 지하에 구멍이 숭숭 뚫린 경우가 많다. 이는 석회암이 이산화탄소가 함유되어 있는 지하수에 조금씩 녹기 때문이다. 이런 지형에서는 동굴 천장과 지표 사이가 얇을 경우 지표가 무너져 내려 구멍이 생기기도 한다. 이를 싱크홀이라고 하는데, 싱크홀은 우물처럼 수직으로 내려앉은 것이 많고 싱크홀과 싱크홀 사이에는 또 다른 석회 동굴이 수평으로 연결되어 있는 경우도 많다.

어떤 석회 동굴이든 천장이 높고 매우 넓은 공간이 있기 마련이다. 이런 곳은 물에 녹은 탄산칼슘이 다시 돌이 되어 생긴 종유석과 석순이 자라 어디서도 볼 수 없는 장관을 이룬다. 여기에 조명만 설치한다면 세계 최고의 핫 플레이스! 이야기 속의 공주들은 바로 이 땅굴로 내려가 당시 가장 핫한 비밀 클럽에서 신나게 놀다 온 것이다. 그러니 어딘가에 싱크홀이 나타났다고 하면 유심히 보라. 그 동네 사람들의 구두가 해지지는 않았는지.

〈알리바바와 40인의 도둑〉

열려라, 참깨!

8. 비밀번호를 저장해 둘걸

옛날 페르시아에 알리바바와 카심 형제가 살았다. 아버지는 형제에게 유산을 똑같이 나누어 가지라고 했지만, 형 카심은 이를 독차지하고 부자 과부와 결혼해 더 큰 부자가 되었다. 가난한 알리바바는 나무를 해 겨우 먹고 사는 처지였는데, 우연히 도둑들이 드나드는 비밀 아지트를 알게 되었다. 그 속에 있는 금은보화를 조금 가져온 알리바바는 그것을 땅에 묻어 두려 했다. 금은보화가 얼마나 되는지 궁금했던 알리바바의 아내는 카심의 집에 가서 되를 빌려 왔는데, 가난한 동생네가 무엇을 재려고 되를 빌려 가는지 의심한 카심의 부인이 되 밑에 쇠기름을 발라 빌려주었고 그 쇠기름에 금화가 하나 붙어 오는 바람에 도둑의 아지트에 대한 비밀을 카심도 알게 되었다.

욕심쟁이 카심은 도둑들의 보물을 훔쳐 오려고 "열려라, 참깨!"를 외쳐 아지트로 들어갔지만 보물을 다 챙긴 뒤 그 암호를 잊어버려 나올 수가 없었다. 때마침 들이닥친 40인의 도둑은 카심을 그 자리에서 죽였다. 도둑들은 자신들의 정보통을 통해 알리바바를 의심하고 그를 잡기 위해 항아리 장수로 위장했다. 그러나 똑똑한 하녀 마르자나가 재치를 발휘해 끓는 기름을 부어 도둑들을 죽이고, 칼춤을 추는 척하다 남은 도둑들마저 목을 벤다. 그러니 이 이야기는 '알리바바와 40인의 도둑'이 아니라 '알리바바와 마르자나'라고 하는 편이 좋겠다.

PW는 16자리

"열려라, 참깨!"는 도둑들이 훔친 물건을 숨겨 두는 동굴의 문을 여는 암호다. 놀랍게도 이 비밀 문은 음성 인식으로 열리는 첨단 설비였다. 오늘날 물리적인 문을 비롯해 인터넷 세계를 출입하는 데 필요한 암호는 다른 사람에게 해킹당할 염려를 줄이기 위해 영문 대문자와 소문자, 특수 문자, 숫자 등을 조합해 주인도 외울 수 없을 만큼 복잡하게 만들도록 되어 있다. 해킹을 막으려다 사용자가 그것을 기억하지 못한다는 것이 함정. 그러니 우리는 모두 현대판 카심인 셈이다.

암호를 만드는 과정은 대강 이렇다. 영희와 철수는 자음으로 암호를 만든다고 약속을 정했다. 이 약속을 '키(key)'라고 한다. 영희는 "너는 바보다."라는 '평문' 메시지를 "ㄴㄴ ㅂㅂㄷ."라고 '암호화'해서 전달했다. 철수는 키를 알고 있으므로 영희가 보낸 암호문을 해독할 수 있는데, 이 과정을 '복호화'라고 한다. 영희가 보낸 암호를 누군가 가로채 복호화에 성공했을 때 암호가 유출되었다고 하는데, 엄밀히 말하면 키가 유출된 것이다. 모두 짐작하고 있겠지만 암호화 키와 복호화 키가 같은 경우 키만 알면 누구나 암호를 풀 수 있어 보안에 취약하다. 이를 보완하기 위해 오늘날 암호는 암호화와 복호화에 각기 다른 키를 사용한다. 너무 복잡하다고 걱정할 것 없다. 복잡한 것은 전문가들이 한다. 우리는 "열려라, 참깨!"만 잊지 않으면 된다.

로크새의

9. 체중 감량은 선택이 아닌 필수

『천일야화』에 나오는 신드바드의 모험은 모두 일곱 가지 이야기로 구성되어 있다. 첫 번째 항해에서는 배를 정박한 곳이 알고 보니 고래의 등이어서 고래가 물속으로 들어가는 순간 선원들은 모두 익사하고 신드바드만 돌아왔다. 두 번째 항해를 떠난 신드바드는 무인도에 도착했는데, 그곳에는 코끼리만 한 로크새가 있었다. 새는 크기도 크지만 성질이 흉포하고 다이아몬드에 몸을 굴리는 습성이 있었다. 신드바드는 로크새의 관심을 끌기 위해 커다란 양고기 표면에 다이아몬드를 박고, 자신은 양고기 사이에 들어가 숨었다. 다이아몬드와 양고기를 모두 좋아하는 로크새가 고기를 채서 날아간 덕분에 신드바드는 섬을 탈출할 수 있었다.

세 번째 항해에서는 원숭이들이 다스리는 섬에 가서 뱀 소굴에 던져졌지만 살아 나왔고, 네 번째 항해에서는 섬 주민이 선원들에게 이상한 음식을 먹여 이성을 잃게 한 뒤 가축처럼 키웠다. 물론 신드바드는 여기서도 살아남아 탈출했다. 다섯 번째 항해에서는 이상한 노인이 신드바드의 등에 올라타고 놓아주지 않는 바람에 고생하고, 여섯 번째 항해에서는 보석은 많으나 음식이 없는 섬에서 고생하고, 일곱 번째 항해에서는 불신의 도시에서 만난 여인과 결혼한 뒤 도시를 탈출한다. 한마디로 파란만장한 신드바드의 모험 이야기다.

정체는?

로크새는 신드바드가 자신의 다리에 매달려 있다는 것도 모른 채 자유롭게 날 수 있을 정도로 크고 힘이 세다. 과연 날것이 얼마나 커야 신드바드를 매달고서 날 수 있을까? 현존하는 새 가운데 후보를 찾자면 나그네알바트로스와 왕관독수리가 있다. 이들 모두 날개를 펴면 3~4미터에 이르고 몸길이는 1미터가 넘지만 의외로 몸무게가 7~8킬로그램밖에 되지 않는다. 신드바드를 달고 나는 것은 불가능하다. 화석으로 남은 날것 가운데는 캐나다 앨버타에서 발견된 7,700만 년 전에 살았던 익룡이 있는데, 날개를 펴면 10미터는 너끈히 되고 몸무게는 250킬로그램에 육박하며 포유류, 도마뱀, 새끼 공룡 등을 잡아먹었을 것이라 추정된다.

이런 익룡이 날아오르는 장면을 상상해 보라. 해가 익룡의 날개에 가려 짙은 그림자가 생기고, 조금이라도 낮게 날면 그들이 일으킨 바람에 휘청거릴지도 모른다. 이 정도라면 신드바드가 탈 수 있지 않을까? 다만 익룡이 두 다리의 균형이 맞지 않는다는 것을 알아채지 못하도록 신드바드가 매달린 다리 말고 반대편 다리에도 무언가를 묶어 두는 센스가 필요하겠다. 하지만 그러다간 익룡이 날지 못할 수도 있으니 체중 감량은 필수! 이와 같은 사항을 종합해 볼 때 신드바드는 몸집이 무척이나 작아야 한다.

커져라!

10. 하늘까지 코가 길어진다면

옛날에 가난한 농부가 살았다. 농부는 길을 가다 붉은색 비단 주머니를 발견했는데, 그 속에는 빨간 부채와 파란 부채가 들어 있었다. 놀랍게도 이 부채들은 마법의 부채로, 빨간 부채를 부치면 코가 길어지고 파란 부채를 부치면 코가 다시 줄어들었다. 부채의 놀라운 기능을 알아낸 농부는 부자에게 찾아가 몰래 빨간 부채로 부채질을 했다. 부자의 코는 길어졌고 범인이 농부라는 사실을 몰랐던 부자는 누구든 자신의 코를 원래대로 돌려놓으면 재산의 반을 주겠다고 광고를 했다. 물론 그 재산은 농부에게 돌아가 농부는 잘 살게 되었다.

먹고살 걱정이 사라지니 농부는 장난을 치고 싶었다. 그는 자신의 코를 길게 해 하늘나라까지 닿게 했는데 하필 그곳이 하늘나라의 부엌이었다. 농부는 하늘나라 궁녀들이 자신의 코에 부지깽이를 끼운 것도 모른 채 파란 부채로 부채질을 하다 하늘에 대롱대롱 매달리는 처지가 된 뒤 땅으로 곤두박질쳤다. 아뿔싸! 그런데 이 모든 일이 꿈이었다. 부지깽이 자국이 있어야 할 곳에는 모기에 물린 자국만 남아 있었다. 꿈은 신기하다. 모기가 피를 빠는 그 짧은 시간 동안 이렇게 긴 스토리가 가능하다니!

작아져라!

그런데 하늘나라 부엌은 얼마나 높은 곳에 있는 것일까? 지구 대기의 수직 구조는 지상에서부터 대류권, 성층권, 중간권, 열권으로 나뉘는데, 부엌은 기상 현상이 일어나는 대류권에 있다고 보는 것이 타당하다. 왜냐하면 음식을 조리하기 위해 불을 피워야 하는데, 그러려면 산소가 필요하기 때문이다. 게다가 고도가 너무 높으면 기압이 낮아 물이 100도보다 낮은 온도에서 끓기 때문에 재료가 잘 익지 않는다.

하늘나라의 부엌이 해발 5킬로미터 지점에 있다고 치면 코도 그만큼 길어져야 한다. 이렇게 커지도록 물렁뼈와 코를 싸고 있는 피부가 늘어나야 하는 것도 문제지만 심장에서 출발한 피가 코끝까지 갈 수 있을지도 의문이다. 지상에서 가장 키가 큰 동물은 기린으로 겨우 5미터 정도인데, 기린은 뇌에 피를 공급하기 위해 심장이 아주 강하게 펌프질을 해서 늘 고혈압이다. 게다가 하늘에서 코끝이 부지깽이에 찔렸을 때 아프다는 것을 뇌가 알려면, 신경 전달 속도가 초속 100미터라고 후하게 쳤을 때도 50초나 걸린다. 파란 부채를 흔들기 시작했을 때는 이미 코끝에서 피가 철철 난 지 거의 1분이 지나서인 셈이다. 그러니 농부는 코가 작아지기 전에 과다 출혈로 죽을 수도 있다.

2장

21세기의 기술이 필요한 순간

옛이야기 속에는 미래에 나타날 신기술이 숨어 있다. 당시의 세태를 풍자적으로 표현하는 옛이야기의 특성상 힘든 현실을 극복하기 위해 기발한 해결책이 필요한데, 아무리 터무니없어 보이는 상상이라도 여러 사람을 거쳐 구전되면서 더욱 정교하게 다듬어져 제법 훌륭한 기술이 등장하는 것이다. 놀랍게도 옛이야기에 등장하는 물건이나 기술은 요즘 것과 상응하는 것이 많다. 또 21세기의 기술이 있었더라면 상황이 훨씬 개선되었을 이야기도 많다.

알라딘의 램프와 스마트폰, 헨델과 그레텔의 조약돌과 GPS, 성냥팔이 소녀와 홀로그램, 손오공과 그의 클론, 흥부와 피임법 등 현대 과학의 관점으로 볼 때 매우 흥미로운 옛이야기들을 찾아보자.

〈알라딘과 요술 램프〉

너의 소원은?

1. 램프보다 스마트폰

"옛날 옛적, 중국의 한 마을에 알라딘이라는 소년이 살았다." 놀랍게도 알라딘은 중국인이다. 이는 『천일야화』의 「알라딘」 편 첫 문장에 버젓이 나온 사실이다. 하지만 오늘날 우리는 알라딘이 아랍 어디인가에서 태어난 사람이라 여긴다. 이것은 이야기가 구전되면서 시대와 사람들의 취향에 따라 바뀐다는 것을 잘 보여 준다.

아무튼 알라딘은 마법사의 부탁으로 동굴에 들어가 요술 램프를 찾는데, 알라딘이 순순히 램프를 내주지 않자 마법사는 알라딘을 동굴에 가두어 버린다. 마침 알라딘은 요술 반지를 끼고 있었는데, 요술 반지 속 요정은 크기는 작아도 이동 전문 요정이라 어렵지 않게 알라딘을 집으로 데려왔다.

한편 요술 램프 속에는 더 큰 요정이 있었다. 램프를 문지르면 큰 요정이 나타나 온갖 재물을 가져다주는 덕에 알라딘은 부자가 되고 공주와 결혼도 한다. 이를 알게 된 마법사는 공주를 속여 램프를 훔쳐 가고 알라딘은 램프를 되찾기 위해 애를 쓰지만 마법사에게는 더 센 마법을 쓰는 형이 있어 알라딘의 고난은 계속된다. 이건 마치 "우리 형이 더 커!"라든가 "우리 아빠가 더 힘세!" 하며 싸우는 것과 비슷한 상황 아닌가?

SINI 야!

램프를 문지르면 튀어나와 문지른 사람의 소원을 들어주는 요정 지니. 그동안 사람들은 그 커다란 지니가 램프에 쏙 들어가는 것에만 관심을 기울여 왔다. 하지만 맷 데이먼이 출연한 영화 「다운사이징」이나 마블의 「앤트맨」이 나온 것을 보면 지니가 램프에 들어갈 정도로 작아지는 것은 그다지 큰 문제가 아니라는 생각이 든다. 이제 우리는 지니가 아닌 램프에 초점을 맞추어야 한다.

램프는 말하자면 인공 지능과 GPS와 통신 기능을 모두 갖춘 단말기와 비슷하다. 램프에는 렌즈가 달려 있어 서로 화상 통신도 가능하고 홀로그램을 만들 수도 있다. 램프를 문지르는 행위는 스마트폰 화면을 쓸어 올리거나 흔드는 것과 비슷한 것이다. '기기여, 깨어나라.' 뭐 그런 뜻이다. 스마트폰에는 말하는 인공 지능이 장착되어 있어 대답도 한다. 스마트폰의 요정인 셈이다. 게다가 오늘날에는 스마트폰만 있으면 거의 모든 일을 해결할 수 있다. 그것도 일일이 자판을 두드리지 않고 말로 명령을 해서 말이다. 하지만 우리는 알라딘이 마지막 소원으로 지니에게 자유를 주고 램프를 저 멀리 던져 버린 결말에 대해 집중할 필요가 있다. 당신은 스마트폰을 던져 버릴 수 있는가?

〈헨젤과 그레텔〉

길 찾기용 신선한 빵,

동물이 싫어하는 향!

2. GPS만 있으면 충분해

'헨젤과 그레텔'은 중세부터 내려오던 민담을 독일의 그림 형제가 모아 책으로 남긴 이야기 중 하나다. 중세 때는 먹을 것이 부족해 영아를 버리거나 죽이는 일이 자주 일어났는데, 그런 상황이 이야기에 반영된 것이다. 헨젤과 그레텔은 숲속 외딴집에서 부모와 살았는데, 이들의 엄마는 계모였다. 먹을 것이 부족해지자 부모는 아이들을 숲속 깊숙한 곳에 버렸지만 눈치 빠른 아이들은 하얀 조약돌로 길을 표시해 무사히 집에 돌아온다.

하지만 두 번째로 숲에 갈 때는 미처 조약돌을 준비하지 못해 하는 수 없이 빵을 흘리며 갔는데 그 빵을 동물들이 먹어 치워 집에 돌아올 수가 없었다. 마침 막다른 길에는 과자와 사탕으로 지은 집이 있어 좋아했지만 그 집은 마녀의 집이었고 아이들은 마녀의 포로가 되었다. 마녀는 살을 찌워 잡아먹기 위해 헨젤은 감옥에 가두고, 그레텔은 하녀로 부려 먹었다. 다행히 마녀는 눈이 나빠 헨젤이 얼마나 살이 올랐는지 볼 수 없었고 이를 이용해 헨젤과 그레텔은 마녀를 불구덩이에 처넣고 무사히 탈출한다. 집에 와 보니 계모는 죽은 뒤라 아이들과 아빠는 행복하게 잘 살았다. 연구자들의 말에 따르면 이야기 속 엄마는 원래 친엄마였지만 근대에 들어 어린이들이 마음에 상처를 입을까 봐 계모로 바꾸었다고 하는데, 이젠 이것도 바꾸어야 하지 않을까!

요즘 누가 빵으로

길을 찾아?!

남매가 과자 집에 홀려 마녀에게 잡히지 않고 무사히 집에 돌아오기 위해서는 지질학과 통신 기술, 천문학 지식이 필요하다. 우선 형광 물질이 들어 있는 형석을 구분해서 모아 놓을 것을 권한다. 형석을 떨어뜨리면 밤에도 빛이 나 집에 돌아올 수 있을 것이다. 또는 좀 비싸긴 하지만 적외선 발신기를 나무마다 붙여 놓고 특수 안경으로 식별하며 집으로 돌아올 수도 있다.

아니, 이런 저런 복잡한 기구 말고 그냥 GPS를 잡는 스마트폰 하나만 있으면 되는 것 아닌가? 아, 그런데 중계기가 없는 산속이라면 스마트폰은 출력이 너무 약해 자신의 위치를 못 찾을 수도 있다. 그렇다면 인공위성과 바로 신호를 주고받을 정도로 출력이 큰, 팔뚝만 한 위성 전화기가 있다면 무사히 집으로 돌아올 수가 있다.

이런 도구가 없다면 별의 위치를 보고 방위를 가늠해 집에 찾아올 수도 있다. 이들은 북반구에 살았을 테니 북극성과 계절에 따른 별자리를 알고 있다면 어렵지 않게 귀가할 수 있다. 물론 구름이 끼지 않았다면.

〈성냥팔이 소녀〉

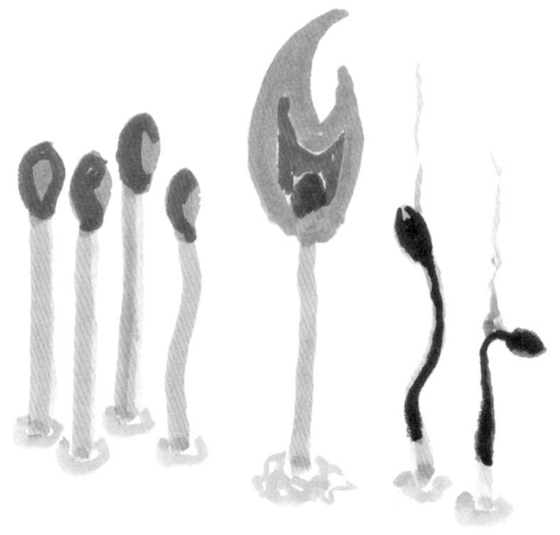

다음 성냥,
할머니 영상준비!

3. 바람을 현실로 만들려면

「성냥팔이 소녀」는 동화 작가 한스 크리스티안 안데르센이 1845년 발표한 단편 동화로, 짧지만 강렬한 울림을 주는 이야기라 안데르센의 대표작이 되었다. 산업화 초기의 어느 시절 성냥을 팔아 근근이 생계를 이어가던 소녀가 있었다. 아직 나이가 어려 부모의 보호가 필요했지만 주정뱅이 아버지는 걸핏하면 폭력을 휘둘렀고 성냥을 다 팔지 못하면 때렸기 때문에 소녀는 집에 돌아갈 수도 없었다. 너무 추워 성냥을 하나 켜니 평소에 바라던 것들이 하나둘 나타났는데 몇 번째인지 모를 성냥을 켰을 때 별똥별이 보였다. 이는 누군가 죽는다는 의미의 복선이다. 다음 성냥을 켜자 할머니가 나타났는데, 성냥이 꺼지면 사라질까 봐 소녀는 있는 성냥을 모두 태우며 할머니를 붙든다. 그리고 조용히 웃으며 생을 마감한다.

이 당시에는 백린이라는 재료로 성냥을 만들었다. 백린은 50~60도 정도의 온도에도 불이 붙는 아주 위험한 물질이고 독성이 강해서 흡입하면 환각을 볼 수도 있다. 아마 소녀가 본 환각은 성냥의 백린 성분 때문이 아니었을까. 이 이야기는 산업화 시대에 가정 폭력과 가난에 시달리던 약자인 여자 어린이의 운명을 그린 작품으로, 오늘날에도 이와 비슷한 처지에 있는 어린이가 많다. 그러니 이 이야기는 단순히 슬픈 이야기가 아니라 분노해야 할 이야기다.

할머니!

성냥팔이 소녀가 죽음을 앞두고 환각 속에서 할머니를 보는 게 아니라 평소에 보고 싶을 때마다 할머니를 보도록 해 줄 수는 없을까? 홀로그램 영상을 이용하면 가능하다. 홀로그래피는 레이저로 3차원 이미지를 구현하는 기술이고 그 결과물로 얻은 이미지가 홀로그램이다. 홀로그래피를 비롯해 입체 사진이나 영상을 만드는 기본 원리는, 하나의 피사체를 2개의 다른 각도에서 찍어 그 이미지들을 통합하는 것이다. 홀로그래피 이미지를 만들 때는 레이저를 사용하는데, 한 곳에서 발사된 빛을 두 갈래로 나누어 각각 다른 각도에서 피사체에 다다르게 한 다음 다시 두 줄기 빛을 합친다. 그러면 간섭 효과에 의해 입체감이 있는 이미지를 얻을 수 있다. 그것이 바로 홀로그램이다. 이렇게 얻은 홀로그램을 죽 연결하면 홀로그램 동영상을 얻을 수 있다.

현대의 성냥팔이 소녀는 어떻게 될까? 아이는 화려한 상점 앞에서 행복한 장면을 담은 홀로그램을 보다가 마침 그 앞을 지나가던 아동복지 센터 직원의 눈에 띈다. 그리고 따뜻한 음식과 침구가 마련된 숙소에 가서 그날 저녁을 잘 지내고, 바로 다음 날 개선된 아동복지법의 혜택을 입어 추위, 배고픔, 폭력이 없는 곳에서 행복하게 산다. 그래야만 한다. 모든 어린이는 행복하게 살 권리가 있다.

〈서유기〉

분신술 스타트!

4. 분신술이 실패하는 이유

손오공은 화과산 꼭대기 바위에서 태어난 원숭이다. 신령한 기운을 타고나 일대 원숭이들의 왕이 되어 신나게 잘 살았으나 하늘나라, 즉 천계의 술과 음식을 싹쓸이하고 온갖 못된 짓을 하며 돌아다닌다. 이에 화가 난 옥황상제는 손오공을 죽이려 애를 썼지만 도술을 부리는 능력이 뛰어나 도저히 죽일 수가 없었다. 그러자 부처님이 손수 나타나 손오공에게 "내 손바닥 안을 벗어나 보거라." 했다. 손오공은 부처님을 비웃으며 구름을 불러 타고 가능한 한 멀리 가서 돌기둥에 사인을 하고 오줌까지 갈기고 왔는데, 알고 보니 그것은 부처님의 손가락이었다. 이 이야기를 바탕으로 '뛰어 봤자 부처님 손바닥 안'이라는 명언이 나왔다.

부처님은 손오공을 오행산에 가두고 배가 고프다고 하면 무쇠 알을 먹이고 목이 마르다고 하면 구리 녹인 것을 주며 손오공을 세상으로부터 격리했다. 이런 손오공을 구해 준 사람이 삼장법사! 물러 보이지만 세상을 꿰뚫는 눈을 지닌 삼장법사는 손오공의 머리에 띠를 씌우고 말을 듣지 않을 때는 주문을 외워 띠가 조여들게 만들면서 손오공을 차근차근 가르친다. 14년의 긴 수행 끝에 서천에 당도한 손오공은 삼장법사 덕에 인품이 180도 달라졌고 부처님에게 용서를 받는다.

마음대로 안 된다,

'손오공' 하면 분신술이다. 손오공이 자신의 털을 뽑아 후 하고 불면 털이 모두 손오공이 되어 적과 싸운다. 손오공을 여럿 만드는 분신술에 대한 현대 과학적인 해석은 복제라고 할 수 있다. 복제를 위해서는 우선 손오공이 뽑은 털의 모근에 있는 세포가 필요하다. 그리고 손오공과 같은 종의 암컷에게서 난자를 기증받아야 한다. 난자의 핵을 쏙 빼고 그 자리에 손오공의 세포에서 얻은 핵을 밀어 넣은 후 난자에 전기 충격을 주면, 세포의 핵막이 풀어지면서 난자는 수정을 했다고 여겨 발생을 시작한다. 새로운 개체가 생겨나는 것이다. 기증받은 모든 난자를 이렇게 인공 수정을 시키고 원숭이 대리모를 여럿 구해 착상에 성공하면 4.5~8개월 뒤에 손오공의 클론들이 태어난다.

이 과정은 비윤리적인 것은 물론이요 인공 수정 실패율과 착상 실패율 따위는 고려하지 않았다. 생명 공학계에서는 이와 같은 방법으로 다양한 동물을 복제하는 데 성공했고 그렇게 태어난 클론들이 생식에 성공해 자손을 낳기도 했는데, 재미나게도 클론의 성격이 제각각 달랐다. 난자에 있는 미토콘드리아, 대리모의 상태 등 클론이 태어나는 과정에는 수많은 변수가 있기 때문이다. 결론은, 손오공의 분신들은 손오공과 똑같을 수 없다는 것이다. 이래서야 잘 싸울 수 있을까?

M** 드라마
'역적'에
홍길동으로
캐스팅된
윤균상
ㅋㅋ
600kg 바위?
저걸 어떻게 들지?

5. 맨손으로는 어렵겠지만

『홍길동전』은 조선 중기에 허균이 지은 소설로 알려져 있는데, 홍길동은 주인공 의적의 이름이다. 아버지를 아버지라 부르지 못하고 형을 형이라 부르지 못한다는 말을 유행시킨 인물이 바로 홍길동이다. 홍길동은 태어날 때 다리에 북두칠성을 닮은 점 7개를 가지고 태어났으며 사흘 만에 천자문을 익히고 남들은 몇 년씩 걸리는 소학과 사략을 몇 달 만에 떼었다. 그뿐 아니라 커서는 분신술과 각종 도술을 익힌 초능력자였다.

이런 엄청난 능력자가 도둑 떼를 모아 활빈당이라는 비밀 조직을 꾸리고 부패한 부자 양반들의 재물을 빼앗아 가난한 사람에게 나누어 주는 일을 하면서도 죄인으로 몰려 수배자 명단에 오를 수밖에 없었던 이유는 오직 하나, 그의 어머니가 천한 신분인 첩이었기 때문이다. 홍길동의 능력이 아무리 뛰어나다 한들 첩의 자식은 공직에 오를 수 없는 것이 그 시절의 법도였다. 신분의 벽은 이번 생에서는 깰 수 없는 것이었다. 그런데 이와 같은 상황은 오로지 조선 시대만의 문제일까?

아이언맨
외골격계
수트
필요!

홍길동은 머리도 좋았지만 힘도 무척 셌다. 『홍길동전』에는 “천 근 나가는 바위를 들고 몇십 보 옮겨 놓았다.”라는 대목이 있다. 천 근은 600킬로그램 정도다. 2020년 2월 현재 지구상에서 가장 무거운 것을 든 공식 기록자는 몸무게 170킬로그램인 역도 선수로, 그가 보유하고 있는 용상 기록은 260킬로그램이다. 자기 몸무게의 약 1.5배를 든 것이다. 체급별로 살펴보면 109킬로그램급 최고 기록은 240킬로그램으로 몸무게의 2.2배를, 55킬로그램급은 166킬로그램으로 몸무게의 3배를 들었다. 이와 같은 통계는 들어야 할 물건이 무거울수록 사람의 몸무게는 기하급수적으로 늘어나야 함을 알려 준다. 그러나 사람의 몸무게는 한없이 늘 수 없으므로 600킬로그램을 맨몸으로 드는 것은 불가능해 보인다.

아무래도 홍길동은 사람의 몸으로 해결할 수 없는 부분을 도와줄 외골격계 장치를 착용했음이 틀림없다. 그것도 아직 개발되지 않은 신소재 신기술 제품으로 말이다. 현대의 외골격계 장치는 유압 장치를 이용한 군용 제품으로 고작 90킬로그램밖에 들어 올리지 못한다. 몇백 킬로그램을 들어 올리려면 외골격계의 무게 자체도 엄청나게 나갈 수밖에 없다. 허나 분명 600킬로그램을 너끈히 들 제품이 나올 것이다. SF영화를 보면 확실히 알 수 있다. 그렇다면 『홍길동전』은 400년 전 나온 SF인 셈인가?

〈백설공주〉

진짜 위험한 독은

6. 독보다 확실한 것

옛날에 어떤 나라의 왕비가 흑단 같은 머리에 눈처럼 하얀 피부, 붉은 입술을 가진 딸을 낳아 이름을 백설공주라 지었다. 슬프게도 왕비는 백설공주를 낳다가 죽었고 백설공주의 미모를 시기한 계모는 백설공주를 죽이기 위해 온갖 계략을 꾸민다. 그림 형제가 정리한 판본의 주석에 따르면 원래 전해 내려오는 이야기에는 왕비가 죽지 않는데, 만약 그대로 둔다면 친엄마가 딸을 죽이려 드는 게 되므로 이야기를 듣는 어린이들이 충격을 받을까 봐 설정을 바꾸었다고 한다. 원래 이야기대로라면 백설공주의 미모를 시기해서 독이 든 사과를 먹이는 사람은 다름 아닌 친엄마이고 백설공주의 혼인식에 찾아가 난리를 친 사람도 친엄마라는 말이다.

사실 모녀 사이의 질투는 현대 사회에도 흔하게 있는 일로, 엄마와 딸은 공감대 형성이 유난히 강력해 좋은 일은 물론 나쁜 일까지도 다 공유해야 한다는 강박 때문에 생긴다. 특히 엄마에게는 자신이 못다 한 일을 딸이 해 주길 바라면서도 막상 딸이 목표를 이루면 질투하는 이상한 심리가 있다. 이는 다 큰 딸을 정신적으로 놓아주지 못하는 엄마에게 흔하게 있는 일로 몸은 어른이나 정신적으로 독립하지 못했다는 증거다. 사랑할수록 놓아주어야 한다. 원본 '백설공주'는 그런 메시지를 담고 있는 이야기라 할 수 있다.

당분

그런데 왕비는 '독 사과'를 어떻게 만들었을까? 주사기 같은 것으로 사과에 독을 넣었는지 아니면 독을 발랐는지 또는 사과 씨앗에 든 청산가리의 성분인 시안 화합물의 양이 극대화되도록 품종 개량을 했는지, 알 수는 없다. 독 사과를 잘 만들었다 하더라도 백설공주가 독 사과를 안 먹을 수도 있고 독의 양이 적당하지 않으면 구토나 설사를 일으켜 독을 몸 밖으로 내보내 효과가 없을 테니 여러모로 보아 독 사과는 백설공주를 없애는 최고의 방법은 아니다.

만약 왕비가 현대 과학 지식으로 무장하고 있었다면 독 대신 바이러스를 이용했을 것이다. 예를 들어 인도네시아에 사는 코모도도마뱀은 소가 다니는 길목을 지키고 있다가 소의 발목을 살짝 문 뒤 소를 며칠 동안 따라다닌다. 도마뱀의 침 속에는 소에게 치명적인 바이러스가 있어서 소는 이유도 모른 채 시름시름 앓다가 죽는다. 도마뱀은 그때를 기다리는 것이다.

바이러스까지 쓰지는 않더라도 사과로 맛난 디저트를 만들어 백설공주가 먹지 않고는 참을 수 없게 하고 자꾸 찾게 만들어 당뇨, 고지혈증, 고혈압 같은 생활 습관병이 생기도록 하는 장기전을 고려할 수도 있었을 텐데, 왕비는 이런 과학적 사실도 몰랐던 것 같다. 백설공주의 입장에서는 여러모로 다행이다.

누가 누가

7. 마취가 필요한 순간

중국 명나라 때 옥포산에 사는 노루가 잔치를 열었다. 호랑이를 제외한 모든 동물이 초대되었는데, 오는 동물들이 저마다 상석에 앉으려고 한바탕 소동이 일었다. 그러자 가장 연장자가 상석에 앉자는 의견이 나왔고 여우, 토끼, 노루, 두꺼비는 누가 연장자인지 가리는 말싸움을 시작했다. 이에 가장 아는 것이 많고 말재간이 좋은 두꺼비는 경쟁자인 여우에게 먼저 말을 시킨 뒤 그 내용을 교묘하게 이용해 항상 자신이 더 오래 산 결과가 나오도록 이야기를 만든다. 두꺼비는 천문, 지리, 의학, 예의, 병법, 점술에 이르기까지 아는 것이 많아 누가 무슨 말을 해도 그 내용을 다 가지고 놀 수 있었다.

이 이야기는 언뜻 보면 오래 산 사람을 받들어 모셔야 한다는 장유유서를 주장하는 것 같지만, 존경을 받으려면 단순히 오래 사는 것은 소용이 없고 깊은 공부와 함께 세상 만물의 이치를 깨닫는 것이 중요함을 강조하고 있다. 게다가 동물 중 가장 못생겼다고 할 수 있는 두꺼비를 주인공으로 내세워 겉모습보다 내면이 중요함을 말하고 있다. 또한 『두껍전』은 논쟁하는 장면이 가장 많은 소설로, 힘이 아니라 논리로 대결하는 고품격 싸움의 정석을 보여 준다. 말싸움을 잘하고 싶은 사람은 꼭 읽고 외울 것을 권한다.

잘 떠드나?

『두껍전』에서 똑똑한 두꺼비는 명의 화타의 의술에 대해 이렇게 말한다. "화타는 청낭의 비계를 가지고 병을 고칠새, 한 사람이 속병이 있으니 본즉 창자가 썩었거늘 마첩탕 한 첩을 먹여 죽이고, 배를 갈라 창자를 내어 물에 씻고 썩은 부분을 베고, 짐승의 창자를 이어 배에 넣고 뱃가죽을 꿰매고, 회생산 한 첩을 먹이니 쾌차한지라." 풀어 쓰면 이런 말이다. "화타는 무슨 병이든 다 고칠 수 있는데, 어떤 사람이 대장암에 걸렸을 경우 마취를 해 재우고, 복부를 절개해 창자를 꺼내 소독 후 환부를 도려내고, 기증받은 이식용 창자를 이어 붙여 다시 집어넣고 봉합한 뒤 토사곽란이 멈추는 약을 먹이면 낫는다." 오늘날 현대 의학에서도 대장암은 이렇게 치료한다.

흥미로운 부분은 바로 마첩탕, 즉 마취제다. 초기 마취제는 아산화질소, 에테르, 클로로포름 등인데, 에테르는 발화점이 낮아 금속 수술 도구가 부딪힐 때 나는 스파크만으로도 불이 붙어 아주 위험했다. 클로로포름은 에테르보다 안전하고 환자들에게 부작용도 적었다. 그 후로 할로탄, 티오펜탈 등 수많은 약이 나왔으며 오늘날에는 프로포폴이 많이 쓰이지만 의사들은 다양한 마취제를 수술의 종류에 맞춰 선택하고 재조합해서 쓴다. 1800년대 중반까지 서양 의학은 마취 없이 수술했는데 2,000년 전의 화타는 마취를 했다니 놀랍다.

흥부에게 필요한 것은

8. 많다고 꼭 좋은 건 아니니까

옛날에 전라도인지 경상도인지 확실치 않은 어느 고을에 성이 연씨인 두 형제가 살았다. 형인 놀부는 부모의 재산을 독차지하고 동생 흥부네 식구들을 쫓아냈다. 재물은 없어도 마음이 착했던 흥부는 처마 끝에 집을 짓고 사는 제비들을 구렁이한테서 지켜 주고 제비의 부러진 다리를 고쳐 준 뒤 상으로 마법의 박씨를 받는다. 무럭무럭 자란 박은 모두 3개로 쌀이 그득한 박, 돈이 그득한 박, 물건이 그득한 박이었고 놀랍게도 쓰면 다시 자동으로 채워지는, 말 그대로 마법의 박이었다. 요즘으로 치면 로또에 맞은 것이다.

이 소문을 들은 놀부는 어느 멀쩡한 제비의 다리를 부러뜨린 뒤 붙여 주고 박씨를 받았다. 그러나 무럭무럭 자란 박에서 처음으로 나온 것은 보물이 아닌 사람으로, 놀부의 부모가 종살이를 하던 집 주인이었다. 그들은 놀부에게 도망친 부모의 몸값을 내놓으라 호통을 쳤고 놀부는 집안 내력이 들통나는 것이 두려워 얼른 돈을 집어 주었다. 놀부는 박을 탈 때마다 그 속에서 나온 사람들에게 돈을 주어야 했고, 마지막으로 탄 박에서는 똥이 나와 온 집이 똥 속에 잠기고 말았다.

피임 기구

『흥부전』은 첫째 아들에게 전 재산을 물려주고 부모의 노후를 그 아들에게 책임 지우는 가부장제의 폐해를 잘 보여 주는 옛이야기다. 흥부는 둘째 아들로 뭐 하나 물려받지 못한 채 가난한 삶을 살았는데, 자식은 많이 낳았다. 농사에 일손을 보태려고 그랬다고 볼 수도 있지만, 이 부부는 피임법을 몰랐을 확률이 크다.

부부의 사랑을 확인할 때 콘돔을 쓰는 것이 가장 손쉽고 확률이 높은 피임 방법이지만 간혹 불량품이 있어 피임에 실패하는 경우도 있다. 그렇다면 흥부 아내가 자궁 안에 루프를 넣어 임신을 막을 수도 있다. 난자와 정자가 수정되어 수정란이 되었더라도 자궁벽에 착상을 할 수 없게 만드는 것이 이 피임법의 핵심이다. 만약 부부가 아이를 가지고 싶다고 합의하면 루프를 제거하면 된다. 물론 안전을 위해 산부인과에 가서 전문의의 시술을 받아야 한다. 가장 확실한 피임법은 흥부가 정관을 묶는 것이다. 정자가 몸 밖으로 나오는 길을 원천적으로 막는 방법으로, 묶었던 관을 다시 풀기 전에는 절대 아이를 가질 수 없다. 인간들 사이에는 남성이 이 시술을 받으면 정력이 떨어진다는 헛소문이 있는데, 사실이 아니다.

용궁으로 가자.

9. 처방보다 진료 먼저

옛날 바닷속에는 여러 바다 나라가 있었다. 그중 한 나라의 용왕이 온갖 산호와 진주와 물풀로 궁을 화려하게 리모델링한 뒤 성대한 잔치를 열고 밤낮으로 놀다가 결국 과로로 쓰러졌다. 한마디로 호화 집들이를 했다는 뜻인데 이를 위해 바다 백성들이 많은 일을 했음은 말할 필요도 없다. 의원은 용왕의 병에 대해 원인 불명이라는 진단을 내린 뒤 토끼의 간이 필요하다는 처방전을 내놓았지만 아무도 토끼가 어찌 생겼는지 몰랐다. 이에 대신들은 인어를 데려와 토끼의 몽타주를 그리게 하고 별주부 자라에게 토끼를 잡아 오도록 명령을 내렸다. 용왕을 살리는 데 토끼 한 마리쯤은 그냥 희생해도 된다고 생각했으므로 이 결정에 아무도 토를 달지 않았다.

별주부로 말하자면 바닷속에서 논쟁이라면 따를 자가 없는 말재간을 지녔기에 모두의 바람을 저버리지 않고 토끼를 용궁으로 데려왔다. 허나 토끼 또한 별주부에 지지 않을 순발력을 지닌 놀라운 재능의 소유자였던 터라 무사히 탈출해 육지로 도망쳤다. 눈앞에서 토끼를 놓친 별주부가 울고 있을 때 화타가 나타나 환약을 주니 용왕은 그것을 먹고 살아나고 별주부는 목숨을 건진다.

용왕님, 야채도 드세요.

용왕은 무슨 병에 걸렸기에 토끼의 간이 필요했던 것일까? 우선 지방간이나 간경화로 간이 제 기능을 하지 못해 간 이식이 필요했던 것은 아닐까 생각해 볼 수 있다. 간이 제 기능을 하지 못하면 살릴 방법은 오직 하나, 다른 개체의 간을 가져와 이식하는 것이다. 인간의 경우 장기를 기증하는 사람의 수가 적고, 장기 이식에 성공했다 하더라도 면역계가 반응해 이식된 장기를 거부하는 경우가 많아 장기 이식의 성공률은 그리 높지 않다.

그래서 과학자들은 무균 상태인 연구실에서 장기를 배양한 뒤 이식하는 연구를 진행 중인데, 미국의 과학자들이 겨우 방광을 배양해 이식하는 데 성공했을 뿐이다. 상황이 이러하니 용왕이 토끼의 간을 꺼내 이식했다 하더라도 종이 달라 분명 장기 이식에 실패했을 것이다.

음, 이쯤에서 화타의 환약에 대해 다시 생각해 보자. 그 약은 토끼의 간을 대신할, 철분이 포함된 비타민 보충제 아니었을까? 간은 우리 몸의 화학 공장으로 탄수화물, 단백질, 지방과 이루 다 열거할 수 없는 다양한 물질을 분해하는 작용을 한다. 그러면서 다양한 화합물을 만들기 때문에 간은 그 자체로 여러 가지 무기 물질이 풍부한 영양제인 셈이다. 그렇다면 용왕의 병은 빈혈과 비타민 부족?

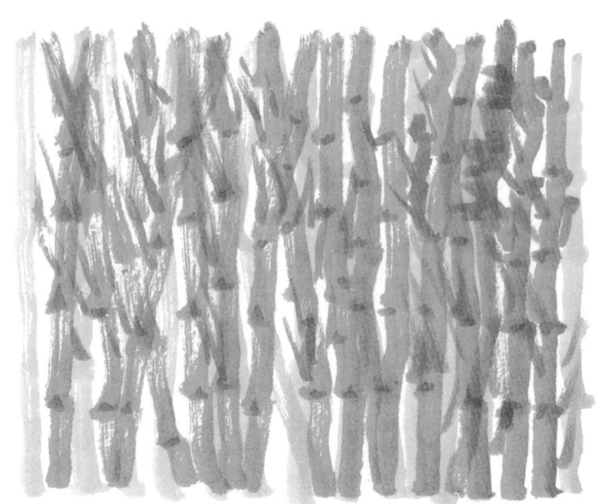

대나무 밭은

10. 바코드는 알고 있다

그리스 신화에 나오는 인물 가운데 만지는 것은 무엇이든 황금으로 변하게 하는 미다스 왕이 있다. 하루는 아폴로와 판이 누가 악기를 잘 다루는지 겨루면서 심사 위원으로 미다스를 불렀다. 미다스가 판의 손을 들어 주자 화가 난 아폴로는 미다스의 귀를 당나귀 귀로 만들어 버린다. 미다스는 귀를 가리기 위해 큰 모자를 쓰고 다녔는데, 머리를 손질할 때는 모자를 벗을 수밖에 없었으므로 이발사는 이 비밀을 알게 되었다. 이발사는 비밀을 간직하기가 너무나 괴로워 땅을 파고 구멍을 낸 뒤 여기에 대고 "임금님 귀는 당나귀 귀."라고 외친 뒤 구멍을 메웠다. 그런데 거기에서 갈대가 자라나더니 바람이 불어 갈대가 흔들릴 때마다 "임금님 귀는 당나귀 귀."라는 소리가 들렸다.

이와 같은 이야기는 전 세계에 여러 종류가 있다. 대나무밭에 대고 이야기를 했는데 바람이 불 때마다 대나무들이 비밀을 말했고 그래서 대나무를 싹 베었더니 그 자리에서 자라난 갈대, 풀, 산수유가 대신 말을 했다는 이야기도 있다. 또 우물에 대고 말을 했더니 우물에서 물이 넘쳐 홍수가 났다는 이야기도 있고, 버드나무에 대고 이야기를 한 뒤 그 버드나무로 악기를 만드니 연주할 때마다 임금의 비밀이 울려 퍼지더라는 이야기도 있다. 이 모든 이야기를 한 줄로 정리하면, 이 세상에 비밀은 없다!

1234567890

바코드!

대나무밭은 놀랍게도 소리를 포함해 정보를 저장하는 매체를 예언하고 있다. 시간이 흘러 대나무밭의 역할을 물려받은 것은 1948년 발명된 LP판이다. LP판에는 공기가 진동하는 대로 바늘이 판을 긁어 만든 울퉁불퉁하고 삐뚤빼뚤한 홈이 있다. 이 홈에 바늘을 대고 그대로 따라가게 만들면 바늘이 흔들릴 때마다 생기는 진동이 얇은 막에 전달되고 또 막이 떨면서 공기를 진동시킨다. 이 소리가 바로 처음에 LP판을 긁어 만들었던 그 소리다. 그 다음으로는 철가루를 입힌 기다란 끈에 자기장을 이용해 소리를 저장한 카세트테이프도 발명되었는데, 이 아이디어는 컴퓨터에 내장되어 있는 하드디스크를 만드는 일로까지 연결되었다.

이렇게 다양하게 발전해 가는 기록 장치를 묵묵히 지켜보는 대나무밭은 인간들에게 바코드라는 영감을 주었다. 슈퍼마켓에서 파는 물건의 포장지에는 국가, 제조사, 품목, 가격의 정보가 담긴 바코드가 어김없이 찍혀 있는데, 바코드의 검은 줄과 흰 줄은 두 가지 굵기를 가지고 있어서 이를 다양하게 조합하면 숫자 정보를 어렵지 않게 담을 수 있다. 오늘날 바다 오염의 주범으로 불리는 비닐 포장지에는 바코드가 있어 어느 나라에서 나온 비닐봉지인지 다 추적할 수 있다. 저 비닐이 우리 것이 아니라고 아무리 우겨도 소용없는 것이다. 세상에 비밀은 없다니까!

3장

이상한 나라의 신데렐라

『이상한 나라의 앨리스』는 1865년 영국의 수학자 찰스 럿위지 도지슨이 루이스 캐럴이라는 필명으로 펴낸 동화다. 도지슨은 대학교수 시절 학장의 집에서 하숙했는데, 그 집 아이들과 뱃놀이를 하며 들려주었던 이야기를 다듬어 만든 책이 『이상한 나라의 앨리스』다. 도지슨은 수학자였기에 이야기 곳곳에 수학과 관련 있는 단서들을 숨겨 놓았다. 이것을 알아본 현대의 독자들은 이 책을 통해 도지슨과 시공간을 넘나드는 게임을 즐긴다.

「신데렐라」 역시 수학과 과학에 관심 있는 사람이라면 파헤쳐 보고 싶은 부분이 아주 많다. 신데렐라는 얼마나 빨리 달려야 파티장에서 계단까지 종이 12번 치는 동안 주파할 수 있을까? 그 많은 집안일을 즐겁게 했다는데, 어떤 보조 기구와 용품을 이용했던 것일까? 신데렐라의 구두는 어떤 소재로 만들었기에 춤을 그렇게 많이 춰도 편하고 성안의 여성들이 다 신어 봤는데도 원형을 유지했던 것일까? 과학적 상상력을 불러일으키는 두 이야기를 좀 더 깊게 들여다보자.

작아지는 물약

1. 크기가 작아지는 비밀

어느 날 앨리스는 강둑에 앉아 있다가 눈이 붉고 조끼를 입은 토끼가 시계를 보고 중얼거리며 달려가는 것을 본다. 그동안 저런 토끼를 본 적이 없다는 것을 깨달은 앨리스는 토끼를 따라간다. 그러다 끝없이 깊은 동굴로 떨어지고 몸이 커지는 약과 작아지는 약을 번갈아 먹은 뒤 이상한 애벌레와 이상한 돼지와 이상한 독수리와 이상한 거북과 이상한 바닷가재와 이상한 여왕과 이상한 고양이와 이상한 카드를 만나 모험을 이어가다가 알 수 없는 방식으로 원래 세계로 돌아온다. 물론 책에는 이 모든 것이 꿈이었다고 설명되어 있지만 이렇게 재미난 일이 꿈일 리 없으며 이렇게 긴 꿈을 앨리스가 전부 기억할 리 만무하므로 이건 진짜 있었던 이야기임에 틀림없다! 아, 이야기에 너무 빠졌구나.

커지는 케이크

앨리스는 음식을 먹고 몸의 크기가 달라지는 놀라운 경험을 한다. 사실 현대의 기술로도 몸의 크기가 단시간에 바뀌는 음식을 만들 수는 없다. 그리고 가까운 미래에도 그런 기술은 나오기 어려울 것 같다. 인간의 몸이 작아지려면 몸을 이루고 있는 원자의 수가 줄거나 원자의 크기가 작아져야 한다. 원자의 수가 줄면 인간이 아닌 다른 무엇이 될 확률이 크기 때문에 그다지 좋은 방법은 아니다. 원자의 크기가 작아지려면 원자핵과 전자가 가까워져야 하는데, 그런 예는 우주에서나 찾아볼 수 있다. 중성자별은 원자핵과 전자가 들러붙은 아주 확실한 예다. 하지만 그런 일이 벌어지려면 한 인간의 질량이 태양 질량의 1.44배는 넘어야 하므로 아무래도 지구상에서는 불가능하다.

그러나 앨리스의 세상이 프로그래밍된 매트릭스 세상이라면 앨리스는 얼마든지 몸이 커지거나 작아질 수 있으며 물약이나 케이크를 먹는 것은 작동을 알리는 신호에 불과하다. 저자인 도지슨은 분명 이런 세상을 상상하고 있었을 것이다. 하지만 그것이 정말 상상에 불과한 것일까? 우리의 세상이 프로그래밍된 세계가 아니라는 것을 어찌 믿는단 말인가?

울면 안돼.

2. 깊이 10센티미터의 눈물 웅덩이

물약을 먹고 몸이 작아진 앨리스는 열쇠로 문을 열고 나가기 위해 몸이 커져야 할 필요를 느끼고 '나를 먹어요!'라고 쓰여 있는 케이크를 먹었다. 앨리스는 반신반의하면서 먹었지만 케이크는 실제로 효과가 있었다. 앨리스의 몸이 커지는 것이었다. 문제는 앨리스가 케이크를 너무 많이 먹었다는 것. 앨리스는 점점 멀어지는 자신의 발을 보며 이제부터 저 멀리 있는 발에 누가 양말을 갈아 신겨 줄지 걱정하고, 크리스마스가 되면 발에게 부츠를 사서 선물해야 할 텐데 주소를 어떻게 써야 할지 고민한다.

그러는 사이 앨리스는 몸이 너무 커져서 문을 열 열쇠를 가지고는 있었지만 문을 열 수가 없었다. 머리가 천장에 쿵 부딪히고 똑바로 서지도 못해 옆으로 비스듬히 누워 창밖을 바라볼 수밖에 없는 상황이 되자 앨리스는 울기 시작했다. 하염없이 흐르는 눈물을 멈출 수 없었고 딱히 다른 일을 할 것도 아니었기에 앨리스는 그냥 운다. 이 눈물은 바닥에 흥건히 고여 깊이 10센티미터의 웅덩이가 생겼다. 이 사실을 모른 채 앨리스는 몸이 작아지는 부채를 흔들어 몸이 다시 작아지고, 결국 이 눈물 웅덩이에 빠져 허우적대다 겨우 빠져나온다.

선물을 안 준대.

눈물을 얼마나 흘려야 깊이 10센티미터의 눈물 웅덩이가 생길까? 우선 눈물에 대해 알아보자. 눈물샘은 눈꺼풀 위쪽에 있어 눈을 깜빡일 때마다 눈물이 나온다. 눈물은 삼중 구조로, 공기와 닿는 층은 지방이 있어 물이 증발되는 것을 막고, 그 아래층에는 핏줄이 없는 안구에 영양을 공급할 단백질과 병균의 공격을 막는 항생 물질이 있으며, 안구와 직접 닿는 가장 아래층은 끈끈한 점액질로 액체가 눈에 잘 붙도록 한다. 성인은 이런 눈물을 날마다 1그램씩 흘리지만 눈 안쪽에 뚫린 작은 구멍으로 빠져나가기 때문에 우리는 눈물을 흘렸다는 것 자체를 느끼지 못한다. 보통 링거에서 똑 똑 떨어지는 약은 15방울 떨어졌을 때 1밀리리터로 한 방울은 0.067밀리리터다.

앨리스가 빠진 눈물 웅덩이가 높이 10센티미터 지름 20센티미터라면 부피는 3,140밀리리터이고 눈물을 47,100방울 흘려야 한다. 두 눈이 1초에 한 방울씩 흘린다면 23,550초 걸리므로 392.5분 즉 6.5시간 동안 울어야 한다. 우는 동안 증발하는 눈물이 없어야 하고 울면서 3리터의 물을 조금씩 마시는 것도 잊으면 안 된다. 몸에 수분이 있어야 눈물도 흘릴 수 있기 때문이다. 그리고 눈물 웅덩이가 마르고 나면 눈물에 섞인 지방이 하얀 자국을 남길 것이므로 바닥을 청소할 각오를 해야 한다. 그러니 눈물 웅덩이를 만들 정도로 울지 말자.

크기보다

3. 말하려면 갖추어야 할 것

도지슨은 『이상한 나라의 앨리스』에 등장하는 동물을 정할 때 이야기를 듣고 있는 아이들의 이름에서 영감을 얻었다. 주인공 앨리스는 물론이고 앨리스의 언니인 로리나는 앵무새(Lory)로, 동생 에스디는 독수리(Eaglet)로, 동료였던 더크워스는 오리(Duck)로 표현한 것이다. 도지슨은 말을 더듬는 습관이 있어서 자신의 이름을 말할 때 항상 '도, 도, 도지슨'이라고 했기에 자신을 도도새(Dodo)로 정했다.

동화에서 도도새는 물에 홀딱 젖은 앨리스와 생쥐를 위해 코커스 경기를 하자고 제안한다. 앨리스와 동물들이 코커스 경기가 뭐냐고 묻자 도도새는 이렇게 답한다. "그걸 설명하는 가장 좋은 방법은 그걸 해 보는 거야." 매우 명료한 설명이 아닌가! 앨리스와 동물들은 도도새가 시키는 대로 원 주변에 서서 누가 출발이라고 하지도 않았지만 그냥 마구 뛰다 멈추기를 반복했고 도도새가 "경주 끝!"이라고 외치자 모두 멈추었다. 정말 우스운 상황이고 누가 우승인지 누가 상을 주는지도 알 수 없지만 확실한 것은 그 정도 뛰면 젖은 옷이 다 마른다는 것이다. 이 코커스 경기는 소화가 잘 되지 않을 때, 오후에 나른할 때, 뭔가 화를 폭발할 곳이 없을 때, 이유를 알 수 없이 슬플 때도 매우 효과가 좋은 운동 경기로 이상한 나라가 아니더라도 모두 즐길 수 있다.

주름이 중요해.

『이상한 나라의 앨리스』에 등장하는 동물이나 사물은 놀랍게도 말을 한다. 동물이 말을 하려면 어떤 조건을 갖추어야 할까? 우선 소리를 내는 기관인 성대가 있어야 한다. 그리고 같은 무리가 알아들을 수 있는 의미를 지닌 소리를 정하고 기억하고 표현할 수 있는 지능이 있어야 한다. 미어캣, 돌고래, 까마귀, 앵무새 등은 다양한 주파수와 규칙적인 소리로 의사소통을 하는 것으로 알려져 있다. 그렇다면 그들은 의사소통을 하지 못하는 동물과 어떤 차이점이 있는 것일까?

우선 생각해 볼 수 있는 것은 뇌의 크기다. 아무래도 뇌의 용적이 크면 뭔가 복잡한 생각을 할 수 있을 가능성이 높기 때문이다. 그렇지만 크기가 전부는 아니다. 뇌의 무게가 5킬로그램이나 나가는 코끼리는 어떤가? 불행하게도 코끼리들에게는 발성 기관이 없어 인간이 하듯 말을 하지는 못한다. 그러나 이들도 소리로 의사소통을 하고 지능이 높은 동물만이 가능한 사회생활을 한다.

사실 지능이 높으려면 몸무게 대비 뇌의 크기도 커야 하지만 무엇보다 뇌 표면에 주름이 많아야 한다. 그래야 각종 운동과 사고 기능을 관장하는 대뇌 피질의 넓이가 넓어지기 때문이다. 그래서 까마귀와 앵무새는 몸무게 대비 뇌의 용적이 그리 크지 않아도 지능이 높은 것이다.

감기 걸렸을땐

4. 혼자서 두 사람인 척

조끼를 입고 시계를 보며 중얼거리는 토끼를 따라간 앨리스는 수직으로 난 토끼 굴에서 자유 낙하를 한다. 놀랍게도 그 짧은 시간에 앨리스는 참으로 많은 생각을 한다. 앨리스는 떨어지는 동안 위도와 경도가 무슨 말인지는 몰라도 아마 위치를 정하는 단어일 것이라고 추측해 '여기의 위도와 경도는 얼마일까?'라고 생각한다. 물론 이런 단어를 써서 생각한 이유는 이 단어가 제법 근사해 보이기 때문이다.

아래로 아래로 내려가면서 앨리스는 아끼는 고양이 다이나에 대해 생각하다 정신이 아득해지면서 웅얼거린다. "고양이가 박쥐도 먹지? 고양이가 박쥐도 먹지? 고양이가 먹지도 박쥐? 박쥐가 고양이도 먹지?" 앨리스는 알아차리지 못했을 수도 있지만 지하 세계로 자유 낙하하면 기하급수적으로 빨라지는 속력 때문에 몸이 받는 공기의 압력이 세지고 숨 쉬기 힘들어지며 뇌에 산소가 공급되지 않아 정신을 잃는다. 아마 앨리스는 그런 상태가 되었을 것이다. 그리고 정신을 진짜 잃기 직전 '탁!' 지하 세계에 깔린 낙엽 위로 착륙한다.

건강한 인격으로

앨리스는 종종 두 사람인 것처럼 혼자서 이야기를 주고받는다. 또한 자신에게 잘 보이려는 자신을 발견하기도 한다. 『지킬 박사와 하이드 씨』에서도 볼 수 있는 다중 인격자는 한 몸에 2개 이상의 인격이 있는 사람을 말한다. 심리학자와 뇌 과학자들의 연구에 따르면 이들은 인격이 바뀔 때 목소리와 몸놀림은 물론 습관과 사고방식도 달라진다고 한다. 다중 인격인 사람들의 뇌는 보통 사람들보다 해마와 편도체의 크기가 작다. 해마는 뇌의 가운데 아랫부분에 해마처럼 생긴 부분을 이르는 말로 장기 기억력과 깊은 관련이 있는 것으로 알려져 있다. 편도체는 뇌의 좌우에 하나씩 있는 아몬드 모양의 부분으로 감정을 조절하고 공포에 관한 기억을 관장하는 것으로 알려져 있다.

놀랍게도 다중 인격은 성격뿐 아니라 몸을 바꾸기도 한다. 물론 키가 갑자기 커지거나 혈액형이 바뀌거나 머리카락 색이 바뀌지는 않지만 그 외에 많은 것이 인격과 함께 바뀐다. 신경심리학자 캐런 N. 새너는 다중 인격을 가진 사람들의 인격이 바뀌면 시각, 청각, 촉각, 미각 등도 함께 바뀐다는 사실을 알아냈다. 그뿐만 아니라 육체적 능력, 말투, 알레르기 반응도 차이를 보였다. 인격이 바뀌면 완전히 다른 사람이 되는 것이다. 이거야말로 정신이 몸을 다스리는 예라고 할 수 있지 않은가.

〈앨리스의 곱하기〉

구구단은

18진법으로!

5. 18진법 구구단

몸이 작아진 앨리스는 자신이 자신임을 확인하기 위해 구구단을 외운다. "사오는 십이, 사륙은 십삼……." 더 읽을 필요도 없이 구구단이 틀렸다는 것을 알 수 있다. 하지만 우리는 앨리스가 무슨 이유로 틀린 구구단을 당당하게 외우는지 생각해 볼 필요가 있다. 분명 『이상한 나라의 앨리스』를 출판할 때 담당 편집자와 출판사도 이 부분에 대해 작가에게 설명을 요구했을 것이다. 우리가 알고 있는 십진법에 따른 구구단은 사오는 이십, 사륙은 이십사이기 때문이다. 결론부터 이야기하자면 앨리스는 틀리지 않았다. 다만 18진법과 21진법으로 구구단을 외우고 있을 뿐이다. 18진법으로 20을 표현하려면 20을 18로 나눈 몫을 앞에 쓰고 나머지를 뒤에 쓰면 되므로 12이다. 그래서 앨리스는 사오는 십이라고 한 것이다. 만약 앨리스가 19진법을 썼다면 사오는 십일이라고 했을 것이다. 앨리스는 여기서 그치지 않고 사륙은 십삼이라고 한다. 이것은 21진법이다. 자, 이제 3진법, 7진법 등 다양한 진법으로 구구단을 만들어서 외워 보자.

고양이는

웃는 고양이!

『이상한 나라의 앨리스』에는 이상한 구구단뿐만 아니라 현대 물리에 유용한 역할을 할 캐릭터 체셔 고양이도 등장한다. 체셔는 자유자재로 모습을 드러냈다 사라지는 재주가 있는 것은 물론이고 몸이 사라진 뒤에도 웃음은 그대로 남기는 신기한 고양이다. 앨리스가 고양이에게 어느 길로 가야 하냐고 물으니 고양이는 그건 네가 어디로 가고 싶으냐에 달려 있다고 한다. 앨리스가 사실 딱히 가고 싶은 곳은 없다고 하니, 고양이는 또 그럼 어디로 가든 아무 상관없지 않느냐고 한다. 한 마디로 매우 논리적이고 쿨하며 유머 감각이 있는 고양이다.

대중에게 매력적으로 보이는 체셔 고양이의 잠재성을 알아본 현대 양자물리학자들은 '웃음 고양이 체셔'를 섭외해 '양자 고양이 체셔'라는 물리 이론을 만들었다. 양자물리학자들이 보기엔 '실체와 분리된 존재'를 설명하기에 체셔만큼 완벽한 동물이 없었다. 양자물리학자들은 '스핀이 있는 중성자'(웃는 고양이 체셔)가 간섭계를 지날 때 중성자(고양이)와 스핀(웃음)으로 분리되어 다른 경로로 간섭계를 통과한 뒤 다시 '스핀이 있는 중성자'(웃는 고양이 체셔)가 된다는 이론을 실험으로 증명하고 사람들에게 알기 쉽게 설명할 수 있었다. 모두 체셔 덕분이다. 이 실험의 골자는, 우리는 모르지만 양자물리학의 세계에선 체셔처럼 물질과 속성이 따로 존재할 수 있다는 점이다.

〈신데렐라와 은식기〉

황♡은

6. 부엌의 탄산수소나트륨

우리가 알고 있는 동화 「신데렐라」는 1697년 프랑스 작가 샤를 페로가 출판한 모음집에 실려 있는 이야기다. 마음 착한 신데렐라는 계모와 그녀의 두 딸과 함께 살고 있었다. 아버지가 귀족이었기에 그리 어려운 살림이 아니었지만 계모는 신데렐라를 종처럼 부려 먹었다. 궁전에서 파티가 벌어져 세 딸 모두 초청을 받았지만 계모는 신데렐라에게 집안일을 잔뜩 시키고 자신이 낳은 두 딸만 데리고 간다.

이때 요정이 나타나 신데렐라에게 예쁜 옷과 구두를 주고, 마법이 사라지는 12시까지 꼭 돌아오라고 당부한 뒤 신데렐라를 마법 마차에 태워 궁으로 보낸다. 파티 첫째 날 신데렐라는 요정의 말을 잘 기억하고 시간에 맞추어 돌아왔으나 다음 날에는 파티가 너무 신난 나머지 밤 12시가 되도록 있다가 허겁지겁 뛰쳐나오는 통에 신발 한 짝을 궁에 두고 왔다. 우리는 이 신발을 유리 구두라고 알고 있는데, 판본에 따라서는 가죽 구두로 설명한 것도 있다. 아무튼 너무나 아름다운 신데렐라를 잊지 못하던 왕자는 신발 한 짝을 들고 온 나라를 돌아다니며 신에 딱 맞는 발을 가진 여자를 찾는다. 결국 왕자는 신데렐라를 찾았고 두 사람은 결혼해서 행복하게 살았다고 한다. 이런 신데렐라를 두고 사람들은 '인생 역전', '착한 사람이 복을 받는다.' 같은 다양한 평을 하는데, 신데렐라는 정말 행복했을까?

황 ♡ 소다 ♡ 알루미늄

신데렐라는 ‘인생 역전’을 이루기 전 거의 하루 종일 집안일을 했다. 빨래, 부엌일, 청소 등 잘하면 본전이고 못하면 표가 나는 일을 끊임없이 했다. 귀족이었으니 은식기가 있었을 것이고 은은 공기 중에 있는 황 화합물과 반응해 그냥 두기만 해도 검게 변색되므로 신데렐라는 매일 이 녹을 닦아야 했을 것이다. 오늘날 우리는 은식기의 녹을 힘 하나 안 들이고 제거하는 방법을 아주 잘 알고 있다. 우선 은식기를 담을 만한 그릇에 끓기 직전인 뜨거운 물을 붓고 거기에 베이킹파우더 또는 소다라 불리는 탄산수소나트륨을 한 숟가락 듬뿍 퍼 담아 녹인다. 색이 변한 은식기를 포일로 대충 싸서 탄산수소나트륨을 녹인 물에 담그고 하룻밤 잊어버린 뒤 다시 꺼내 풀어 보라. 빛 반사율 95%, 지상의 물질 중 가장 빛을 잘 반사한다는 은의 속성을 되찾은 은식기가 반짝반짝 빛을 내고 있을 것이다.

원리는 대충 이렇다. 탄산수소나트륨은 포일의 주성분인 알루미늄을 귀찮게 굴어 전자를 내놓도록 만든다. 전자는 은식기에 붙어 있던 황을 꼬드겨 결합하면서 황이 은에서 떨어져 나오도록 만든다. 이와 같은 과정을 산화 환원 과정이라고 하는데, 그 결과 은은 원래 모습을 찾을 수 있게 된다. 신데렐라는 이 사실을 알고 있었을 것이다. 그러지 않고서야 부엌일을 웃으면서 할 수 있나!

손쉬운 빨래의

비결은

7. 양잿물과 어깨 근육의 상관관계

신데렐라는 빨래를 얼마나 많이 했을까? 신데렐라의 집에는 네 식구가 있고 엄마와 언니들 모두 성인이다. 옷은 모두 긴 치마이므로 부피가 제법 나갔을 것이고, 침구, 식탁보, 수건 등 빨래의 양이 어마어마했을 것이다. 이야기에는 하녀를 언급한 부분이 없으므로 이 일을 모두 신데렐라가 했다고 볼 수밖에 없는데, 당시에는 세탁기가 있을 리 없으므로 신데렐라는 팔 근육의 힘으로 빨래를 치대고 방망이로 내리쳐 물리적으로 때를 뺐을 것이다.

이와 같은 사실을 종합해 볼 때 신데렐라의 상체는 심한 좌우 불균형이었을 확률이 크다. 만약 그녀가 오른손잡이라면 오른팔을 과도하게 사용해 오른쪽 옆구리와 등 근육이 비대해지고, 오른팔을 휘두르려면 왼쪽 엉덩이와 다리로 지탱해야 하므로 하반신은 왼쪽이 비대해진다. 이는 오른손잡이인 테니스 선수나 첼로 연주자처럼 한쪽만 심하게 쓰는 사람들에게 공통적으로 나타나는 특징으로 신체 불균형을 방지하려면 수시로 일어나 스트레칭을 해야 한다. 그러나 신데렐라는 갑자기 나타난 요정이 입혀 준 드레스를 입고 파티에 가서 왕자의 눈을 사로잡을 만큼 신체의 좌우 균형이 잘 맞은 상태였다. 사람들은 얼굴, 신체의 균형이 잘 맞은 이를 아름답다고 여긴다. 신데렐라에겐 어떤 묘책이 있었던 것일까?

비누!

신데렐라라는 이름은 '엉덩이에 재가 묻은 소녀'라는 뜻으로 이는 나무를 때는 난로나 아궁이 근처에서만 겨우 쉴 수 있다는 뜻이다. 이와 같은 정황을 볼 때 신데렐라는 비누를 만들 수 있었다. 재는 식물이 다 타고 남은 찌꺼기로 이것을 모아 물과 섞은 뒤 천으로 거르면 잿물을 얻을 수 있다. 잿물은 재 속의 알칼리 성분이 물에 녹은 것인데, 수산화나트륨이나 수산화칼륨이 포함된 염기성 용액이다. 이것을 끓여 졸이면 강한 염기성 잿물을 얻을 수 있고 이렇게 농도가 짙은 잿물을 양잿물이라 한다. 양잿물은 서양에서 온 잿물이라는 뜻으로 우리나라에서 쓰던 것보다 강한 수산화나트륨 용액을 이르는 말로 굳어졌다.

잿물이나 양잿물은 강한 염기성 용액이므로 이를 각종 식물성 기름이나 동물성 지방과 섞은 뒤 잘 저으면 지방 분자 하나당 비누 분자 3개가 나온다. 이 과정을 비누화라고 한다. 비누 분자는 성냥개비처럼 길게 생겼고 한쪽 끝은 물과 친하고 반대쪽은 기름과 친하다. 인간이 때라고 부르는 얼룩은 대부분 기름 성분이라서 비누로 문지르면 비누 분자는 한쪽 끝에 기름을 붙인 채 다른 쪽은 물을 찾아다닌다. 바로 이런 속성 덕분에 때가 떨어져 나간다. 이런 비누가 있었기에 '빨래를 두들겨서 때가 떨어져 나가도록 하는' 고통스러운 빨래 방식이 바뀔 수 있었다. 물론 이런 일은 다 여성들이 해 왔다!

<신데렐라의 구두>

재료는 유리가 아니라

8. 신소재 구두의 비밀

신데렐라가 하녀처럼 살다가 왕자를 만나 팔자를 고치게 된 상황을 두고 '신데렐라 콤플렉스'라는 말이 나왔다. 신데렐라 콤플렉스는 경제적으로 자립할 능력이 없고 인격이 성숙하지 못한 여성이 재력과 권력을 갖춘 남성에게 의존해 재물을 얻고 신분 상승을 꾀한다는 뜻으로 쓰이는데, 이와 같은 줄거리의 텔레비전 드라마가 여러 차례 방영된 적이 있다. 이를 두고 세간에서는 여성들이 자립할 의지는 없으면서 돈 많고 신분 높은 남자에게 기대 공짜로 이 모든 것을 얻으려 한다며 비난하기도 한다.

그러나 이는 여성에게는 경제권, 참정권, 교육받을 권리 등을 부여하지 않으면서 알아서 잘 해 보라고 하는 것으로, 마치 사막에서 물 한 통 안 주고 알아서 살아 나오라는 것과 다르지 않다. 신데렐라는 경제권이 없는 소녀이기에 가부장제가 자리 잡은 가족으로부터 독립할 수 없었고 주변에는 그녀를 도와줄 식구도 없었다. 초자연적인 힘을 빌리고, 인근에서 가장 큰 권력을 가진 왕자의 도움이 없다면 도저히 빠져나올 수 없는 상황이었던 것이다. 이런 이야기의 행간을 읽지 못하고 가부장제의 틀 안에서 여성들에게 슈퍼 울트라 우먼이 되라고 하는 것은 불합리하다.

형상기억합금.

신데렐라의 구두는 무엇으로 만들었을까? 옛 삽화들을 보면 가죽신처럼 보이는데, 그렇다면 왕자는 신데렐라를 영영 찾을 수 없었을 것이다. 가죽은 여러 사람이 신었다 벗으면 크기는 물론 형태까지 변하기 때문이다. 왕자가 신발 한 짝으로 신데렐라를 찾아내려면 신데렐라의 신발은 절대 형태가 변하지 않는 소재라야 한다. 그렇다면 니켈과 티타늄의 원자수를 1:1로 섞어 만든 형상 기억 합금 니티놀이 답이다. 니티놀은 특정 온도에서 만든 형태를 기억하는 형상 기억 합금으로, 치아 교정용 철사를 만드는 데 쓰이고 여성들의 가슴 모양을 예쁘게 받쳐 줄 요량으로 브래지어 컵 아랫부분에 넣기도 한다. 가죽신 안에는 신데렐라의 발 모양과 일치하게 만든 그물 모양의 형상 기억 합금이 있었을 것이다. 신데렐라가 신을 신은 순간 체온에 반응하도록 만들어진 형상 기억 합금이 신데렐라의 발 모양을 기억했기에 여러 사람이 신어도 모양이 변하지 않은 것이다. 물론 이 신발은 걸을 때나 춤을 출 때마다 경이롭게 움직이는 발의 모양을 방해하지 않는 신축성과 부드러움까지 갖추고 있었을 것이다. 음, 이것은 미래의 신소재 아닐까? 아무래도 요정을 만나 보는 것이 좋겠다.

〈신데렐라와 호박 마차〉

마차의 비밀은

9. 호박 마차 만들기

신데렐라는 요정이 선사한 드레스로 차려입고 왕자가 여는 파티에 간다. 왕자는 은근히 개혁적이라 왕가에서 원하는 정략결혼을 거부하고 배필은 자기 손으로 찾겠다며 신분 고하를 떠나 왕국에 있는 모든 여인들을 초대해 파티를 벌였던 것이다. 신데렐라의 입장에선 이런 파티에 참석하는 것만으로도 신나는 일이었겠지만 요정들은 그녀가 왕자의 눈에 확실히 띄기를 바랐다. 파티에서 눈길을 확 잡아끌려면 왕궁에 도착하는 순간부터 모든 이의 시선을 모아야 한다. 그래서 고급 마차가 필요했다. 신데렐라의 호박 마차는 장거리 이동 수단 이상의 의미가 있었던 것이다.

이야기에선 요정들이 마술로 호박을 뻥튀기해서 마차를 만들지만, 지금까지 신데렐라의 이야기를 과학적 관점으로 분석해 온 바에 따르면 이 마차 역시 신데렐라가 설계했을 수도 있다. 바퀴를 깎고 축에 끼워 장차 자동차가 될 기초 모델을 완성한 것이다. 물론 증기 기관이 발명되기 전이니 동물의 힘을 빌려 이동하는 마차를 만들 수밖에 없었겠지만 말이다. 바퀴와 축을 제작했으면 이제 남은 숙제는 하나다. 어디서 커다란 호박을 구해 얹을 것인가?

거대 채소

신데렐라의 마차를 만들어 보자. 1년에 100일 정도 해가 지지 않는 북극권 지역에서는 긴 일조량 덕분에 광합성량이 늘어 과육이 크게 자란다. 게다가 알래스카 농부들은 크게 자란 열매의 씨앗을 잘 선별해 다음 해에는 그것만 심기 때문에 해가 갈수록 호박은 커진다. 큰 호박은 씨앗도 아주 커서 심기 전에 싹이 잘 날 수 있도록 모서리를 갈아 틈을 만들어 준다. 싹이 날 동안 실내에서 보살핀 뒤 떡잎 위에 본잎이 나면 밭에 옮겨 심는데, 이들이 곧 엄청난 면적을 차지할 것이므로 그것까지 예상해 널찍하게 터를 잡는다. 뿌리가 잘 나게 발근제를 바르고 비료를 열심히 뿌리고 비닐하우스를 만들어 온도를 맞추어 준다.

덩굴 정리를 잘 해 주고 벌레를 열심히 잡으면 100일 정도가 지난 후 마치 나무같이 굵고 단단한 줄기 끝에서 무게가 100킬로그램이 넘고 폭이 2미터에 이르는 거대한 호박을 얻을 수 있다. 이렇게 큰 호박을 키운 사람들끼리 경합을 벌여 1등을 하면 호박을 키우느라 투자한 돈을 회수할 수 있고 세계에서 가장 큰 호박을 생산한 사람이라는 명예를 얻으며 호박의 씨앗을 비싼 값에 팔 수 있다. 마침 거대 호박 겨루기 대회가 끝날 무렵이면 핼러윈이 기다리고 있기에 사람들은 호박 속을 파내고 그 안에 들어앉을 수 있도록 장식한다. 이제 신데렐라는 파티에 갈 수 있다.

4장

과학의 눈으로 보면

옛이야기의 매력은 시대가 변함에 따라 등장하는 인물을 재조명할 수 있다는 점이다. 그뿐만 아니라 시대 상황에 맞게 사건을 재해석할 수도 있다. 무엇보다 재미난 것은 이야기 속에 드러난 갈등 해소 방법이 현대인에게도 꽤나 도움이 된다는 것이다. 이야기 속에는 은유, 상징, 비유, 해학 등이 포함되어 있어 들려주는 이와 듣는 이 모두 즐겁다. 옛이야기는 인류의 훌륭한 문화 자산인 셈이다.

자, 그럼 옛이야기를 과학적 관점으로 추측, 비교, 분석해 보자. 분명 더 재미난 이야기가 될 것이다.

금도끼 은도끼를
주마!

1. 금도끼보다 아파트?

나무꾼은 가난했다. 땅이 없어 농사를 지을 수 없고 신용을 쌓을 틈이 없어 남의 땅에 소작을 할 수도 없기에 산에 있는 나무를 해다 곡식과 바꾸어 근근이 입에 풀칠이나 하는 신세, 그것이 나무꾼의 처지다. 이런 나무꾼에게 나무를 베는 도끼는 전 재산이나 다름없다. 그런 도끼를 물에 빠뜨리다니, 도끼가 사라진 연못 앞에서 엉엉 우는 것 말고는 달리 할 수 있는 일이 없었을 것이다.

한편 연못 속에서 잠수 상태에 있던 산신령은 가라앉는 도끼를 보며 어떤 모자란 놈이 도끼를 버렸나 생각했다. 그러나 슬피 우는 나무꾼을 보고 산신령은 도끼를 주인에게 되돌려 주기로 마음먹었다. 하지만 그냥 주는 것은 재미없으니 작고 사소한 테스트를 해 볼 요량으로 은도끼와 금도끼를 차례로 들고 나가 이것이 너의 것이냐고 물었다. 여기서 우리가 잠시 짚고 넘어가야 할 것은 산신령은 나이도 많은데 물속에서 오래 버틸 만큼 폐활량이 좋을 뿐 아니라 수중에서 눈을 뜰 줄도 알았으며 무게가 상당히 나가는 금도끼 은도끼를 한 손에 들고 나올 정도의 근력을 지닌 대단한 노인이라는 점이다. 아무튼 테스트를 무사히 통과한 나무꾼은 99칸 집을 사고도 남을 금을 얻을 수 있었다. 지금으로 치면 대도시의 아파트를 사기에 충분한 양을 말이다.

아파트를 주마!

'금도끼 은도끼'는 매사에 솔직해야 함을 강조하는 옛이야기다. 물론 우리의 주인공 나무꾼은 매우 솔직하므로 자신의 도끼는 물론 은도끼와 금도끼도 상으로 받는다. 이 도끼들은 모두 얼마의 가치가 있을까? 도끼는 자루까지 같은 재질이라고 보고 도끼 자루는 지름 4센티미터, 길이 75센티미터인 봉이고 도끼날은 가로, 세로, 두께가 각각 30, 15, 1센티미터인 금속을 녹여 만들었다고 보면 도끼의 총 부피는 1,392세제곱센티미터다. 은의 밀도는 1세제곱센티미터당 10.49그램이므로 은도끼의 무게는 14.6킬로그램 정도다. 이것은 3,893돈으로 2020년 2월 12일 은 시세는 한 돈당 2,860원이니 은도끼의 가격은 1,100만 원 정도다. 금의 밀도는 은보다 커서 1세제곱센티미터당 19.3그램이고 금 시세는 한 돈에 263,450원이므로 같은 과정으로 계산하면 금도끼의 가격은 19억 원 정도다.

이 정도 돈이면 나무꾼은 하고 싶은 일 다 하면서 살 수 있었을 것이다. 금도끼 은도끼를 합하면 40킬로그램 가까이 되겠지만 나무꾼은 평소 나무를 하면서 체력 단련이 되어 있고, 이 도끼들을 보는 순간 아드레날린이 솟구치면서 심장 박동이 빨라져 근육에 당이 충분히 공급되었을 것이므로 너끈히 들 수 있었을 것이다.

전우치는

2. 500년 전 서리 내린 달밤에

『전우치전』은 『홍길동전』의 영향을 받았다고 전해지는 조선 시대 한글 소설이다. 전우치가 홍길동과 다른 점이 있다면 부모가 모두 양반이었다는 점이다. 전우치는 태어나서 신분 때문에 설움을 받은 적도 없고 굶주리고 가난한 적도 없었다. 다만 열 살 때 아버지를 잃고 아버지의 친구 윤 공에게 학문을 배우고 도의 세계에 눈을 떠 어린 나이에 도술을 부릴 줄 알게 되었다. 자만심 가득하고 건강하고 똑똑하고 도술까지 부리는 전우치는 억울한 사람, 슬픈 사람은 물론 원한이 맺힌 요괴까지 두루 술법으로 도와주며 자신이 세상을 바꿀 수 있으리라 생각했다.

하지만 스승 윤 공은 아직 설익은 도술로 천하를 바꿀 수 있다고 믿는 제자가 상처받지 않을까 염려하며 다음과 같이 조언한다. “술법으로 세상을 바꿀 수는 없다. 도술은 세상을 더욱 혼란스럽게 만들 뿐이야.” 이는 당장 눈앞의 어려움을 해결해 준다고 세상이 바뀌는 것이 아니라 사회가 건강하게 굴러가도록 각종 제도가 잘 정비되어야 함을 일컫는 말이다. 전우치는 이 일을 하기 위해 벼슬도 얻지만 결국 술법을 아무리 잘 써도 한 사람이 사회를 바꿀 수 없음을 처절하게 통감한 뒤 태백산으로 가서 도인이 되었다. 사회를 바꾸는 것이 이렇게나 힘들다.

실제 인물!

전우치는 실제 인물이었고 그가 지은 시도 몇 개 남아 있다. 그 중 삼일포에서 지었다는 다음과 같은 시가 있다.

'늦은 가을 옥 같은 연못에 서리 기운 맑은데, 하늘 바람 자줏빛 퉁소 소리 불어 보낸다. 푸른 난새는 오지 않고 바다와 하늘은 넓기만 한데, 온 세상에는 달빛만 밝게 비추고 있다.'

이 시는 언제 지어진 것일까? 과학적으로 추측해 보자. 우선 전우치가 1522년 무렵 돌림병이 창궐한 부평에서 도술로 병을 고쳤다는 기록이 있다 하니 1500년대 초반을 주목하자.

시어를 잘 살피면 '서리'라는 단어에서 24절기 중 상강을 떠올릴 수 있는데, 상강은 양력이라 10월 23일이나 24일로 고정되어 있다. 시어 가운데 '달빛만 밝게'라는 대목에서 보름임을 짐작할 수 있는데, 달빛에 대해 쓸쓸하다거나 약하다는 뜻의 형용사가 붙지 않고 '만'이라는 조사를 써 달빛을 강조했기 때문이다. 이 정보들을 종합해 1500년에서 1550년의 기간 중 10월 23일이나 24일 무렵 보름달이 뜬 날을 찾으면 저 시를 읊은 날을 정확하게 알 수 있다. 과학자들이 계산한 바에 따르면 1500년 10월 24일, 1508년 10월 23일, 1527년 10월 23일, 1535년 10월 22일 보름달이 떴다고 한다. 과학자들은 이와 같은 방법으로 신윤복의 「미인도」가 그려진 날짜도 정확하게 알아냈다.

내 본 모습은

3. 조선 최고의 영웅

『박씨전』은 1636년(인조 14년) 일어난 병자호란을 다룬 소설로, 주인공은 물론이고 청나라에서 보낸 일등 자객도 여성으로 설정된 군담 소설이다. 금강산에 사는 박 처사는 한양에 사는 이득춘 재상의 집에 드나들며 자신의 딸과 이 재상의 아들을 결혼시키자고 한다. 박 처사가 예사 인물이 아니라는 것을 안 이득춘은 흔쾌히 그러마 했는데, 알고 보니 박 처사의 딸은 추녀였다. 남편 시백은 못생긴 부인이 싫어 과거 공부를 한다는 핑계로 근처에도 오지 않았지만 시아버지는 며느리의 숨은 능력을 알아보았다. 앞을 내다보는 능력이 있던 박씨 부인은 적절한 투자와 상거래를 통해 집안을 부유하게 만들었고 액이 다해 아름다운 여인의 모습이 된 뒤에는 청나라에서 온 자객 기홍대를 내쫓고 적국의 전략을 미리 읽어 나라를 지키는 데 큰 공을 세웠다.

이 작품에서 가장 못난 인물은 남편 시백으로, 부인이 못생겼다고 거들떠보지도 않다가 아름다운 모습이 되니 지난 과오를 용서해 달라며 무릎을 꿇는다. 이때 박씨 부인은 남편을 용서하기는 하는데, 집안을 일으키고 남편을 과거에 급제하게 만들고 나라까지 구하는 진정한 슈퍼 우먼인 그녀의 평소 행동으로 보아, 시백은 식솔들을 먹일 밥 정도는 할 수 있도록 훈련받지 않았을까 예상해 본다. 물론 빨래도. 그리고 청소도!

보여주마.

주인공 박씨 부인은 앞을 내다보고 구름을 타는 능력을 갖춘 도인으로, 시집온 지 3년이 되었을 때 500리 떨어진 친정에 구름을 타고 사흘 만에 다녀온다. 놀랍게도 박씨 부인은 도술을 부릴 줄 알면서도 순간 이동을 하지 않고 무언가를 타고 금강산으로 간 것이다. 그녀가 탄 것은 무엇일까?

오늘날 대기권 안에서 조종 가능한 탈것 가운데 가장 빠른 것은 '블랙 버드'라는 별명이 붙은 전투기 SR-71이다. 마하 3.3, 즉 시속 3,600킬로미터의 속력으로 고도 25킬로미터에서 비행한 기록이 있는 전투기로, 2020년 기준 가장 높은 곳에서 가장 빠르게 날 수 있는 전투기다. 이 정도 날것이라면 박씨 부인은 200킬로미터 떨어진 친정에 3~4분이면 당도할 수 있다.

그러나 여종의 증언에 따르면 탈것이 가속을 위해 달렸다는 대목은 없고 박씨가 구름을 불러 바로 타고 갔다고 하니 활주로가 필요 없는 탈것일 확률이 크다. 그렇다면 속도는 좀 덜하더라도 헬리콥터일 가능성이 큰데, 시속 472킬로미터로 나는 유로콥터X3 정도면 30분 만에 금강산 친정에 닿을 수 있다.

〈바리데기〉

무쇠 복장 200kg?

4. 몸도 마음도 굳건하게

옛날에 백두산 북쪽에 불라국이라는 나라가 있었다. 불라국에는 오구대왕이 살고 있었는데 그의 최대 소원은 아들을 갖는 것이었다. 그러나 왕비가 딸만 내리 일곱을 낳자 화가 난 왕은 막내딸을 버리라고 하고, 왕비와 궁녀들은 갓 태어난 아기를 옥함에 넣어 바다에 버렸다. 아들만이 왕권을 계승할 수 있다는 편협한 사고를 지닌 오구대왕은 나중에 자신이 병에 걸려 죽으리라는 사실도, 지금 버린 여자아이가 굉장한 장수가 되어 저승 세계에서 생명수를 구해 와 자신을 되살릴 것이라는 것도 모른 채 천인공노할 짓을 한 것이다. 바다에 버려진 바리공주는 운이 좋게 마음 착한 노부부를 만나 건강하게 자란 뒤 출생의 비밀을 알고 나서도 병에 걸린 아버지를 위해 온갖 역경을 헤치고 지하 세계에 가서 생명수를 구해 온다.

이 과정에서 바리공주는 지하 세계의 수문장이 요구하는 대로 3년 동안 물을 긷고 3년 동안 나무를 하고 3년 동안 불을 때는 중노동도 마다하지 않는데, 이는 모두 바리공주의 체력이 굳건했기 때문에 가능한 일이었다. 인간의 몸은 물질이라 몸이 건강해야 인내력, 지구력, 창의력이 솟아나고, 어떤 상황이 닥쳐도 이겨 낼 마음이 생기며 모든 것을 이해하고 품어 줄 너른 아량이 생긴다. 그러니 오늘도 잘 먹고 운동하자!

적정 갑옷 20kg!

바리공주는 매우 놀라운 인물이다. 그녀는 무쇠 두루마기를 입고 무쇠 패랭이를 쓰고 무쇠 신을 신고 무쇠 지팡이를 들고 생명수 탐색 여행을 떠난다. 그녀가 무쇠로 중무장을 하고 이계로 떠나는 이유는, 옛날에는 하늘에서 떨어진 운석에서 쇠를 구할 수 있었으므로 쇠로 된 갑옷을 입고 도구를 들어야 하늘의 문을 통과할 수 있다고 믿었기 때문이다.

그렇다면 바리공주가 착용한 군장은 모두 몇 킬로그램이나 되었을까? 박물관에 가면 총이 발명되기 전에 전장에서 입었던 갑옷을 어렵지 않게 찾아볼 수 있다. 그중 중세에 쇠를 얇게 펴서 만든 판금 갑옷은 관절 부위를 움직이기 쉽도록 제작해 말을 타거나 걷고 활을 쏠 때 어려움이 없었고 다리에는 정강이와 종아리를 보호하는 판이 따로 있었으며 신발 위에 사바톤이라 불리는 쇠 신을 신었다. 이렇게 전신을 덮는 갑옷의 무게는 약 20~25킬로그램 정도이며 투구와 쇠지팡이를 합해도 40킬로그램을 넘지는 않았을 것이다. 오늘날 군장의 무게는 38킬로그램 정도이고 소방관이 비상시에 입는 옷과 장비의 무게가 얼추 30킬로그램 내외인 것을 고려하면, 바리공주는 위험한 곳으로 모험을 떠나는 사람이 갖추어야 할 최소한의 방어 체계를 갖추고 여행을 떠난 셈이다. 죽은 사람도 살리는 생명수를 찾으러 가는데 아무렴 군장 20킬로그램 정도는 갖추어야지.

연꽃은 바다에 피지
않아.

5. 효도보다 더 중요한 것

양반으로 태어났으나 젊은 시절 병에 걸려 시력을 잃은 심학규는 마음씨 착한 부인을 얻어 불편함 없이 잘 살았다. 이건 분명 그가 양반이면서 남성이었기에 누릴 수 있는 행복이었다. 하지만 그를 둘러싼 여성들의 삶은 고난의 연속이다. 부인은 지성 끝에 잉태한 딸을 낳다 죽었고, 심청은 손바느질로 아버지를 공양하고 심지어 눈먼 아비의 시력을 찾아 주기 위해 스스로 인당수의 재물이 되었다. 이 모든 일을 아는 용왕은 바다에 가라앉은 심청을 연꽃에 태워 지상으로 돌려보냈고 그 연꽃은 황제에게 전달되었다. 황제는 심청을 황후로 맞이한 뒤 잔치를 열어 장인인 심학규를 찾는다.

『심청전』은 효를 상징하는 이야기로 포장되어 전해 내려오는데, 심청의 입장에서도 과연 그럴지 한 번쯤 물음표를 던져야 옳다. 개인이 아무리 몸부림쳐도 빠져나올 수 없는 가족의 굴레를 벗어나는 길은 무엇일까? 아마 심청은 인당수에 뛰어들어 생을 마감하는 것이 최선이라고 여겼을지 모른다. 아버지를 버리는 것이다. 이는 그리 놀랄 만한 해석도 아닌 것이 수많은 고전 속에는 낡은 틀을 상징하는 부모나 조부와 결별하는 장면이 매우 많다. 결국 심청이 황제의 부인이 되어 새 세상을 여는 인물이 되는 것을 보면 아비를 버린 것이 옳은 선택이었던 셈이다. 그러니 자식들이여, 부모를 과감히 벗어나 제 길을 가라!

잠수정 연꽃호

알다시피 연꽃은 물 위에서 피고 생에 단 한 번도 물속으로 들어가지 않는다. 심청이가 들어앉을 정도면 크기 또한 매우 커야 할 것인데, 연꽃잎의 두께로 그런 크기와 모양을 유지하는 것이 가능한지 몹시 의심스럽다. 그래서 곰곰이 생각해 보건대, 그것은 연꽃 모양의 잠수정이라고 보는 것이 옳다. 수백 명의 해군을 태워 바닷속을 누비는 잠수함과 달리 연구를 목적으로 두세 명의 사람을 태워 깊은 바다로 내려가는 배를 잠수정이라 한다. 잠수정은 바닷속에서 물이 누르는 압력을 견뎌야 하고 물이 닿아도 부식하지 않아야 하며 그 자체가 너무 무거우면 곤란하다.

이런 조건에 맞는 재료로는 티타늄, 코발트, 니켈, 크롬 등으로 만든 합금이 최적이다. 또 깊은 바다에서 수면으로 올라오려면 몇 시간이 걸릴 텐데, 그동안 잠수정을 밝히고 산소 농도를 고르게 유지하려면 100킬로와트시 니켈 카드뮴으로 만든 배터리 정도는 있어야 할 것이다. 그리고 혹시나 호기심 많은 심해 생물이 잠수정을 가지고 놀 수도 있으므로 그걸 제지하기 위해 유압 펌프로 작동하는 로봇 팔이 필요하고 잠수정이 균형을 잡고 목적지까지 갈 수 있도록 압축 공기로 물을 밀어내는 추진 장치가 있어야 한다. 심청은 이와 같은 장치를 갖춘 잠수정을 타고 물 위로 올라온 것이 틀림없다.

장끼

6. 내 마음이 원하는 선택

때는 겨울, 하얀 눈 위에 먹기 좋게 놓인 콩 하나를 보자 배고픈 장끼는 얼른 달려가 먹으려고 한다. 이에 까투리는 뭔가 수상하여 장끼를 말리지만 장끼는 말을 듣지 않고 콩을 먹으려다 그만 덫에 걸린다. 이에 놀란 까투리는 죽어 가는 장끼 앞에서 대성통곡을 하는데 그 내용은 이러하다. "첫째 남편은 보라매가 채 가고, 둘째 남편은 사냥개가 물고 가고, 셋째 남편은 총에 맞아 죽더니, 넷째 남편은 콩 한 알에 눈이 멀어 덫에 걸려 죽게 생겼네. 아이고, 내 팔자야." 한편 덫에 걸린 장끼는 남편 여럿 죽인 여편네에게 장가든 것이 잘못이라 한탄하더니 까투리에게 반드시 수절하라는 말을 남기고 세상을 떠난다.

이럴 수가. 죽는 순간 새끼를 잘 보살피라거나 나를 잊지 말라고 하는 것이 아니라, 자신이 죽을 처지가 된 책임을 까투리에게 전가하는 것도 모자라 재혼을 하지 말라니! 장끼가 덫에 걸려 죽은 뒤 까투리는 깃털을 모아 장례를 치른 후 다른 장끼와 재혼을 하고 스물한 마리의 꺼병이를 키우며 보란 듯이 잘 산다. 이 작품은 남존여비 사상을 비판하고, 여성의 재혼을 막던 남성 중심 사회를 비꼬는 우화소설이다. 아버지, 남편, 아들만 바라보며 사는 것이 최대의 미덕이라고 강요받으며 살았던 여성들은 5번이나 결혼하며 당당하게 사는 까투리를 보면서 대리 만족을 얻을 수 있었을까?

까투리

『장끼전』은 동물 생태학적 관점으로 보아 매우 훌륭한 소설이다. 장끼는 한국에 자생하는 꿩의 수컷으로 화려한 깃털을 지니고 있다. 까투리는 꿩의 암컷인데 깃털의 색은 그다지 화려하지 않으나 풀숲에 있으면 잘 보이지 않는 보호 깃털을 가지고 있다. 꺼병이는 꿩의 새끼를 이르는 말로, 작품 속 까투리는 아들 아홉, 딸 열둘, 도합 스물한 마리의 꺼병이를 데리고 있다. 보통 꿩이 4월에서 7월 사이에 4~20개 정도의 알을 낳는다는 점을 감안할 때 이 까투리는 매우 건강한 암컷이라는 점을 짐작할 수 있다.

까투리가 과부가 되자 부엉이, 까마귀, 물오리가 달려와 청혼을 하지만 까투리는 모두 거절하고 다른 장끼와 새 살림을 차린다. 이건 당연한 일이다. 꿩, 부엉이, 까마귀, 물오리는 분류학상 모두 동물계 척삭동물문 조강에 든다. 그러나 꿩은 닭목이고 부엉이는 올빼미목, 까마귀는 참새목, 물오리는 기러기목이라 짝짓기가 불가능하고 알도 낳을 수 없다. 겉보기에는 모두 새이고 분류학상으로도 모두 조류에 들지만 절대 같은 방식으로 살 수 없는 새들인 것이다. 『장끼전』은 꿩의 생태학적 특성을 훼손하지 않으면서 문학이 추구하는 상징성과 비유의 절묘함을 유지하고 있다. 동물을 의인화해서 무언가를 쓰고 싶다면 이 정도는 되어야 하지 않을까!

〈적벽가〉

수염 자르고 망토 벗고
도망치자.

7. 마스크를 쓴 영웅들

판소리 「적벽가」는 소설 『삼국지연의』를 바탕으로 만들어진 것으로 중국이 배경이다. 「적벽가」는 유비가 스무 살이나 어린 제갈량을 3번 찾아가 자기편이 되어 달라고 청하는 '삼고초려', 조조가 유비를 공격해 싸움이 난 '장판교 싸움', 사병들의 설움을 노래한 '군사 설움 타령', 제갈공명과 유비가 오나라의 손권, 주유와 한편이 되어 양쯔강 적벽에서 조조의 백만 대군과 한판 승부를 벌이는 '적벽강 싸움', 싸움에 진 조조가 화용도에서 관우를 만나 목숨을 구걸하는 '화용도' 이렇게 다섯 마당으로 구성되어 있다.

줄거리는 『삼국지연의』에서와 크게 다르지 않으나 판소리 「적벽가」는 본래 이야기를 조금 다른 방식으로 해석한다. 영웅을 전면에 내세우는 것이 아니라 최하위급 병사들의 이야기에 초점을 맞춘 것이다. 전쟁에 끌려와 희생물이 되는 군사들은 권력이나 재물이 없어도 고향으로 돌아가 평화롭게 살고 싶어 한다. 또 전쟁이 인간의 존엄성을 어떻게 파괴하는지 이야기한다. 「적벽가」가 돋보이는 점은 전쟁을 권력자들의 눈으로 보는 것이 아니라 약자의 눈으로 보려는 시도를 했다는 것이다.

영웅은 변장 따윈 안 한다네.

「적벽가」 속 장군들은 지질한 모습으로 그려지는 경우가 많다. 조조가 황개에게 쫓겨 늘 입고 있던 홍의를 벗어 던지고 긴 수염을 잘라 변장하는 장면도 그 가운데 하나다. 도망을 칠 때 변장하는 것은 거의 모든 스파이물에 등장하는데 예전에는 얼굴에 화장을 진하게 하고 수염이나 머리를 자르는 것이 고작이었으나, 영화 「미션 임파서블」에서 볼 수 있듯이 전면 마스크를 3D프린터로 만들어 얼굴을 획기적으로 바꾸는 기법까지 등장했다. 게다가 2019년 홍콩의 시위 현장에는 홀로그램 마스크까지 등장해 변장술의 놀라운 발전을 보여 주고 있다.

홍콩 당국이 마스크 금지법을 만들자 이에 반기를 들며 최신형 홀로그램 마스크가 등장했다. 이 마스크는 2개 이상의 렌즈가 달린 머리띠 모양의 장치로 손오공처럼 머리에 쓰기만 하면 앞으로 튀어나온 부분에 장착된 렌즈가 착용자의 표정을 읽고 그에 맞게 눈, 코, 입의 모양과 위치가 달라진 새로운 얼굴의 영상을 쏘아 준다. 눈부심 방지를 위해 영상을 쏘는 각도를 조절할 수 있고 숨도 마음대로 쉴 수 있기 때문에 가히 혁명적인 마스크라 할 수 있다. 조조가 이 마스크를 보았다면 뭐라고 했을까?

"영웅은 변장 따윈 하지 않는다네!"

음, 이건 『수호전』에 나오는 말인데?

〈춘향전〉

너도 탈래?

8. 작은 힘이 계속 모이면

성춘향의 아비는 조선 시대에 공무원에 해당하는 종2품 관직인 참판을 지낸 양반이다. 하지만 조선은 어머니의 신분을 따르도록 했으므로 춘향은 기생인 어머니를 따라 천한 신분이었다. 그렇지만 정말 다행스럽게도 춘향은 자존감이 강하고 할 말은 하는 당찬 여성이었다. 그렇기에 확실한 양반 신분인 몽룡을 당당히 사랑할 수 있었고 탐관오리인 변학도가 권력을 이용해 춘향을 농락하려 할 때 대차게 거절할 수 있었다.

이에 비해 몽룡의 행동은 비겁하기 그지없다. 한양으로 돌아가 고시 공부를 하던 중 춘향에게 편지 한 통 쓴 적이 없고, 암행어사가 되어 남원으로 돌아와 변학도를 잡아 가둔 뒤 이를 모르는 춘향을 불러 수청을 들라고 떠보기도 한다. 춘향의 입장에선 변학도나 암행어사나 자신에게 수청을 들라는 것들은 다 거기서 거기이니 거절하는 게 당연한 일인데 몽룡은 쓸데없는 짓을 한 셈이다. 아무튼 두 사람은 정식으로 결혼해 춘향은 몽룡의 첫째 부인이 되었다. 이것을 두고 요즘 사람들은 『춘향전』을 신분 타파와 부패 척결을 상징하는 이야기로 꼽는다. 꼭 기억해야 할 것은 이 중요한 일을 모두 여성인 춘향이 해냈다는 것이다. 몽룡아, 너는 뭘 했니?

응!

『춘향전』의 본격적인 이야기는 단옷날 이몽룡이 멀리서 그네를 뛰는 춘향을 발견하면서 시작된다. 우리 모두 그네를 탈 줄 안다. 그런데 그네가 어떤 방식으로 작동하는지 생각해 본 적이 있는가? 곰곰이 생각해 보면 그네는 매우 이상한 놀이기구다. 처음 바닥을 한 번 찬 뒤 무릎을 굽혔다 바로 서는 동작만 반복해도 그네는 점점 높이 올라간다. 누가 밀어주지 않아도 말이다.

서서 탈 때 그네를 잘 타는 비결은 그네가 높은 곳에 다다랐을 때 무릎을 굽혀 그네의 발판을 밀어내는 듯한 동작을 취하고 그네가 점점 낮아져 땅에 가까워질 무렵 몸을 일으켜 최대한 서며, 다시 높은 곳에 다다랐을 때 무릎을 굽히는 것이다. 이렇게 하면 진자 운동을 하는 동안 줄의 길이가 달라지는 효과가 나타나는데, 이때 얻는 중력 에너지의 차이가 그네를 미는 효과로 나타난다. 이것은 아주 중요한 점을 시사한다. 간단한 도르래 장치를 달아 그넷줄을 당기거나 풀 수 있으면, 다리가 불편한 사람이라도 앉은 채로 그네를 탈 수 있다! 춘향은 부조리한 사회에 대해 비판적 눈을 가졌음은 물론이고, 중력 차이를 이용해 그네의 진폭을 벌리는 물리 법칙에 대해서도 알고 있었던 게 틀림없다.

견우직녀를 23년째
기다리고 있다.

9. 당신을 만나러 빛의 속도로

하늘에 사는 공주가 왜 베를 짜야 하는지 모르겠으나 직녀는 베를 잘 짜서 이름이 직녀라고 한다. 그렇다면 직녀는 태어날 때부터 베를 짤 줄 알았던 것일까? 아니면 베틀에 앉아 베를 짤 수 있는 나이가 될 때까지 이름이 없었던 것일까? 아마 이들의 부모는 딸에게 직녀라는 이름을 붙여 주고 베를 잘 짜는 여자가 되라고 잔소리를 했을 것이다. 그러니 이름은 주문이라고나 할까! 소를 모는 견우도 마찬가지다.

이름에 대해서는 좀 찜찜함이 있지만 하늘나라는 매우 혁신적이다. 공주가 한낱 소몰이와 사랑을 나누는 설정이라니, 하늘나라는 신분과 계급에 따른 차별이 없는 매우 훌륭한 사회였던 것이다. 하지만 하늘나라 임금님이 직녀와 견우가 노느라 바빠 일을 하지 않는다고 우주의 양쪽 끝으로 쫓아낸 것은 이해할 수 없다. 젊은 시절은 놀면서 보내는 것이 마땅하거늘! 뭘 그런 걸 가지고! 강제로 헤어진 견우와 직녀가 식음을 전폐하자 보다 못한 임금님은 1년에 한 번 만나도록 허락했다. 하지만 1년에 한 번 있는 그날마저 은하수를 못 건너 곤란해지자 두 사람을 돕기 위해 까마귀와 까치가 오작교라는 다리를 만들어 준다. 그제야 이 불쌍한 남녀가 만날 수 있었다.

견우 직녀는 엔터프라이즈호를
타고 간다!

견우와 직녀는 얼마나 빨리 우주를 여행할 수 있는 것일까? 견우가 살고 있는 독수리자리의 알타이르는 우리로부터 약 17광년 떨어져 있고, 직녀가 살고 있는 거문고자리의 베가는 25광년 떨어져 있다. 지구를 원의 중심에 놓고 보면 두 별을 향하는 두 직선은 약 30도 가량 벌어져 있다.

1광년을 1센티미터로 해서 지구와 알타이르, 베가의 위치를 그려 보자. 먼저 지름이 17광년인 원을 그리고 중심에 지구를 그린 뒤 원을 12조각으로 나눈다. 이건 스몰 사이즈 피자와 비슷하다. 그러면 한 조각의 중심각이 30도가 되므로 자연히 피자 한 조각의 한쪽 끝은 알타이르의 자리이다. 다른 끝에서 자를 대고 중심에서 멀어지며 8센티미터 더 그리면 그 끝이 베가다. 이제 자를 대고 베가와 알타이르 사이의 길이를 재어 보면 얼추 12센티미터 정도 나올 것이다. 그렇다. 견우와 직녀는 빛의 속도로 달려도 12년이 걸려야 겨우 만날 수 있다. 게다가 집에 돌아갔다가 바로 다시 돌아와 만나려면 24년이 걸린다. 그러니 이들이 1년에 한 번 만나려면 공간을 뛰어넘는 우주 항해 기술이 반드시 필요하다. 이런 기술은 SF영화 「스타트렉」에 구현되어 있는데, 시기상으로 봤을 때 엔터프라이즈호의 제작자들이 견우와 직녀의 자문을 받은 것이 틀림없다고 본다.

〈골디락스와 곰 세 마리〉

10. 너무 멀지도, 가깝지도 않은 그곳에

옛날에 골디락스라는 어린이가 있었다. 골디락스는 숲속에서 놀다가 길을 잃었는데 배고프고 피곤하던 차에 우연히 곰 세 마리가 살고 있는 집을 발견했다. 집에는 아무도 없었지만 너무나 배가 고팠던 골디락스는 부엌으로 들어가 식탁에 놓인 스프를 먹었다. 하나는 차갑고 또 하나는 너무 뜨거웠지만 다행히 나머지 하나는 먹기에 적당했다. 스프를 다 먹자 앉아서 쉬고 싶었는데 마침 의자가 3개 있었다. 하나는 너무 작고 또 하나는 너무 크고 다행히 남은 하나가 골디락스의 몸집에 딱 맞았다. 쉬고 있자니 노곤하고 잠이 왔다. 침실에 가 보니 침대가 3개 있었는데 하나는 너무 작고 또 하나는 너무 크고 남은 하나가 골디락스의 몸집에 딱 맞았다.

이 이야기를 두고 남의 집에 함부로 들어간 골디락스가 무례하다는 둥 그러다 곰에게 잡혀 먹으면 어쩌냐는 둥 곰은 나쁜 사람을 비유하는 것이라는 둥 말이 많은데, 길을 잃고 배고픈 어린이가 음식과 쉴 곳을 찾아 자신에게 딱 맞는 것을 원하는 대로 차지한다는 점에서는 큰 점수를 줄 만한 이야기다. 옛이야기는 변할 수 있는 것이니 이 이야기 속에서 어린이에게 불리한 것은 빼고 오직 어린이의 입장에서 이야기를 바꾸어 보자. 정말 신나지 않겠는가!

적당히!

골디락스 이야기의 핵심은 너무 지나치지도 너무 덜하지도 않은 중간 단계를 선택하라는 것이다. 현대의 마케팅 전문가들은 이 이야기에 큰 감명을 받아 '골디락스 가격'이라는 것을 만들었다. 정말 팔고 싶은 물건의 값을 정한 뒤 그보다 비싼 것과 싼 것을 나란히 진열하면 사람들은 바로 그 중간 값의 물건을 산다는 것이다.

현대의 천문학자들 역시 '골디락스 구역'이라는 것을 만들었다. 이 구역은 엄마 별에서 너무 멀지도 너무 가깝지도 않은 구간을 말한다. 지구는 엄마 별인 태양의 골디락스 구역에 있어서 너무 뜨겁지 않고 적절한 에너지를 공급받는다. 천문학자들은 외계 행성계의 골디락스 구역에 있는 행성에 생명체가 존재할 확률이 크다고 본다.

공룡학자들 역시 '골디락스 가설'을 만들었다. 동물의 체온 조절 시스템은 내부에 열원이 있는 내온성과 외부의 열원에 기대는 외온성이 있고, 각 동물의 체온 유지 방식에 따라 항온성과 변온성으로 나뉜다. 인간은 열심히 먹고 체온을 유지하므로 내온성 항온 동물이지만 동면하는 동안 체온이 변하는 북극곰은 내온성 변온 동물이다. 공룡학자들은 공룡이 이 모든 방식의 장점만을 취해서 살았다고 본다. 그것을 골디락스 가설이라고 한다. 물론 공룡이 정말 그랬는지는 알 수 없지만.

이지유의 이지 사이언스
04 옛이야기: 성냥팔이 소녀의 홀로그램

초판 1쇄 발행 • 2020년 3월 6일
초판 2쇄 발행 • 2020년 3월 10일

지은이 | 이지유
펴낸이 | 강일우
책임편집 | 김보은 이현선 김선아
조판 | 박지현
펴낸곳 | (주)창비
등록 | 1986년 8월 5일 제85호
주소 | 10881 경기도 파주시 회동길 184
전화 | 031-955-3333
팩시밀리 | 영업 031-955-3399 편집 031-955-3400
홈페이지 | www.changbi.com
전자우편 | ya@changbi.com

ISBN 978-89-364-5920-8 44400
ISBN 978-89-364-5916-1 (세트)

* 책값은 뒤표지에 표시되어 있습니다.